TAIRE
399

AF341671

EXAMEN
DU BAUCHÉRISME

RÉDUIT A SA PLUS SIMPLE EXPRESSION,

ou

L'ART DE DRESSER LES CHEVAUX D'ATTELAGE, DE DAME, DE PROMENADE, DE CHASSE, DE COURSE, D'ESCADRON, DE CIRQUE, DE TOURNOI, DE CARROUSEL.

PROGRAMME

des Cours d'Équitation civile et militaire professés à Bruxelles, Malines, Coblentz, Prague, Vienne, Breslau, Naples, etc.;

SUIVI DE NOTES MILITAIRES, etc., etc., etc.

DE

M. RUL;

Par C. RAABE,

CHEVALIER DE LA LÉGION D'HONNEUR,

Capitaine commandant au 6ᵉ régiment de dragons.

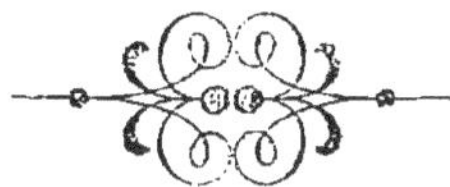

PARIS,

LIBRAIRIE MILITAIRE.

J. DUMAINE, LIBRAIRE-ÉDITEUR DE L'EMPEREUR,

Rue et passage Dauphine, 30.

1857

EXAMEN

DU BAUCHÉRISME

RÉDUIT A SA PLUS SIMPLE EXPRESSION.

Paris. — Imprimerie Coase et J. Dumaine, rue Christine, 2.

EXAMEN
DU BAUCHÉRISME

RÉDUIT A SA PLUS SIMPLE EXPRESSION,

OU

L'ART DE DRESSER LES CHEVAUX D'ATTELAGE, DE DAME, DE PROMENADE, DE CHASSE, DE COURSE, D'ESCADRON, DE CIRQUE, DE TOURNOI, DE CARROUSEL.

PROGRAMME

des Cours d'Équitation civile et militaire professés à Bruxelles, Malines, Coblentz, Prague, Vienne, Breslau, Naples, etc.;

SUIVI DE NOTES MILITAIRES, etc., etc., etc.

DE

M. RUL;

Par C. RAABE,

CHEVALIER DE LA LÉGION D'HONNEUR,
Capitaine commandant au 6ᵉ régiment de dragons.

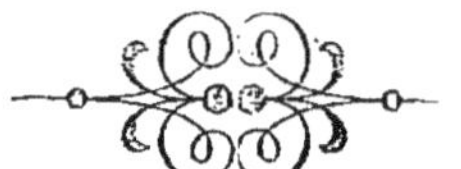

PARIS,

LIBRAIRIE MILITAIRE,
J. DUMAINE, LIBRAIRE-ÉDITEUR DE L'EMPEREUR,
Rue et Passage Dauphine, 30.

1857

AVANT-PROPOS.

M. Rul est un de nos premiers écuyers, un des meilleurs élèves de M. Baucher; il possède une incontestable supériorité d'exécution : cela donne une très-grande importance au remarquable ouvrage qu'il vient de publier.

Ce nouveau livre *explique* la science équestre, celle de la nouvelle école, celle de M. Baucher, *autrement* que nous avons essayé de le faire dans nos précédents ouvrages, notamment dans nos *Examens du Cours d'Équitation* de M. D'Aure (1854), et du *Traité de locomotion du cheval relatif à l'Équitation*, de M. J. Daudel (1856).

De cette divergence d'opinions, ou plutôt de ces différences d'expressions, entre deux adeptes bien avoués de la nouvelle école, *tous deux élèves du grand maître*, tous deux animés du désir de faire triompher les nouveaux principes, de cette lutte il se pourrait que *jaillisse la lumière*. C'est pour ce motif seul, dans l'intérêt de l'art équestre, que nous entreprenons une tâche qui ne manque pas de difficultés, celle d'examiner le *Bauchérisme*, tel que l'enseigne l'honorable M. Rul.

INTRODUCTION.

Nous ne nous attacherons principalement, dans notre examen, qu'à ce qui concerne l'Équitation et la Science équestre.

Nous n'avons adopté aucune classification; nous analysons les divers chapitres dans l'ordre où ils se trouvent dans le livre.

Nous devons d'abord des éloges à M. Rul; son talent de professeur est immense; sa persévérance est pleine de dévouement, son travail et son livre sont très-sérieux. Un semblable élève fait honneur au maître, et si nous nous trouvons quelquefois en contradiction avec la manière d'expliquer de l'auteur, nous sommes constamment en parfaite harmonie d'opinion quant au fond : les moyens pratiques, le mécanisme des aides, sont bien les mêmes; la théorie, les définitions, *la progression surtout*, présentent seules quelques modifications.

Toutefois, ces différences ne nous paraissent pas sans importance pour l'avenir de la nouvelle École, laquelle semble devoir être astreinte à continuer de s'impatroniser par sa seule influence, par sa force seule, n'ayant d'autre appui que *la raison et la clarté*. Sa théorie cependant s'établit par les preuves les plus solides, les plus convaincantes et par les faits les plus évidents; mais on sait que le progrès de la vérité dans toutes les sciences est lent. Cette École, qui n'a pour patrons que des hommes dévoués, intelligents et désintéressés, cette École triomphera quand même de tous les obstacles, quels qu'ils soient, parce qu'elle est la vérité.

Toute découverte de l'homme passe par trois périodes :

La première, — la perception, la divination ;
La seconde, — l'observation, la discussion ;
La troisième, — l'application.

La nouvelle École, quoique contrariée par les préventions des partis, est entrée, pour le monde intelligent, dans la troisième période, l'application ; *les aveugles seuls ne s'en aperçoivent pas.*

TABLE DES MATIÈRES.

EXAMEN DU BAUCHÉRISME.

SOMMAIRE

DRESSAGE DU CHEVAL.

CONCLUSION.

OBSERVATIONS.

FIN DE LA TABLE DES MATIÈRES.

EXAMEN DU BAUCHÉRISME.

AVANT-PROPOS.

M. Rul nous fait connaître, page 2, quelle fut la singulière influence qui aida M. D'Aure à être appelé à l'honneur d'être commandant du manége de l'École impériale de cavalerie à Saumur.

M. D'Aure ne commande plus. Son livre restera-t-il?

Nous avons fait la critique de ce livre en 1854. Les deux Écoles rivales étant mises en présence et soumises à l'analyse, nous avons exposé et développé les principes du système de M. Baucher, notre professeur et notre ami ; nous les avons établis sur les ruines du système de M. D'Aure, démoli pièce à pièce, le texte à la main.

M. D'Aure ne s'est pas relevé de là, il n'a pas cherché à expliquer et justifier sa méthode ; il n'a pas réfuté nos arguments.

Défense nous a été faite de répondre aux attaques de cet écuyer, lesquelles étaient sans valeur aucune, et si celle du 15 février 1854 (*Journal des Haras*, livraison de Mars, tome LVI, page 156) nous a trouvé muet et impassible, c'est encore parce qu'elle était sans signification et sans portée au fond, et que sa forme ne convenait ni à notre caractère, ni à nos habitudes.

Il n'est pas inutile de faire ressortir *la bonne foi* de nos adversaires.

Dans les premiers jours de février 1854, nous publiâmes *le sommaire* de notre livre, *Examen du Cours d'Équitation de M. D'Aure*, en forme de prospectus ; aussitôt parut la lettre de M. D'Aure, elle est datée de Saumur du 15 du même mois de février.

A cette date (15 février), pas un seul exemplaire n'était sorti des mains de l'im-primeur. — M. D'Aure ne pouvait donc pas avoir lu le 15 février à Saumur un livre qui n'a été publié à Marseille que plusieurs jours plus tard. — *Est-ce là de la bonne foi ?*

Dans sa lettre, M. D'Aure se plaignant de ce qu'il ne connaissait pas, de ce qu'il ne pouvait connaître, nous a fait apprécier l'importance de sa polémique ; son argumentation ne sachant sur quoi porter, est vague, indécise, sans valeur dans le fond, comme elle est sans retenue dans la forme, aussi ne prouve-t-elle que l'irritation impuissante de son auteur.

Notre *Examen du Cours d'Équitation de M. D'Aure* nous a valu, peu après son apparition, une punition sévère de Son Excellence le Ministre de la guerre.

Nous avons eu l'honneur et la satisfaction de recevoir presqu'*en même temps* une lettre, en date du 19 mars 1854, émanant du cabinet de *l'Empereur*, par laquelle *Sa Majesté* daignait nous remercier de l'hommage que nous lui avions fait d'un exemplaire dudit ouvrage. *S. M.* daignait encore nous faire connaître *qu'Elle avait ordonné le dépôt de ce livre à sa bibliothèque particulière.*

Ce livre avait été *signalé* à Son Excellence le Ministre de la Guerre comme n'étant qu'*un pamphlet !!!*

M. Rul a parcouru une grande partie de l'Europe en propageant les principes de la nouvelle École. — La méthode écrite, le livre de M. Baucher était déjà répandu en Allemagne et dans les différents pays que M. Rul a visités.

Quels résultats avait produits ce livre ? M. Rul nous l'apprend.

On lit, page 2 : « Quand on réfléchit qu'il n'y a peut-être pas de par le monde
« un seul officier de cavalerie, un seul amateur, qui n'ait cherché, *le livre en*
« *main*, à faire l'application de cette nouvelle méthode, on peut se figurer quelle
« espèce de Tour de Babel a dû sortir de ces innombrables tentatives faites sans
« guide : J'ai visité les manéges, les cavaleries de la Belgique, de la Hollande,
« de l'Angleterre, de la Suisse, de l'Allemagne entière, de l'Italie, etc., etc.,
« et, la main sur la conscience, je déclare que je n'ai pas rencontré un cavalier,
« pas un seul, officier, amateur ou écuyer, qui eût la moindre notion exacte de
« la méthode, pas un qui sût faire *la première flexion*, pas un qui comprît le
« but, la portée des Bauchérisations (effets d'ensemble), pas un qui se doutât
« des effets merveilleux obtenus par l'éperon judicieusement employé.

« Il faudrait un volume pour écrire toutes les applications *burlesques, ridi-*
« *cules, à contre-poil*, que j'ai vu faire de la méthode, etc., etc. »

Page 3 : « A Vienne, le major directeur de l'École centrale d'Équitation mili-
« taire eut l'obligeance de monter devant moi son cheval dressé. Il avait em-
« ployé cinq ans, pour faire un travail qui demandait trois mois sur ce cheval
« d'une bonne conformation, carré par la base, etc. Eh bien ! ce cheval ruait à
« outrance, et on était obligé de faire un détour pour échapper aux atteintes de
« cet animal peu aimable. Le major m'avoua qu'il avait essayé d'appliquer les

« attaques, mais que, malgré sa plus grande attention à suivre les prescriptions
« *du livre*, il avait *complétement échoué.* »

Disons-le avec notre franchise habituelle, ces échecs constants nous prouvent
que la *méthode écrite, le livre*, n'est pas complet, suffisamment clair, lucide.

C'est pour ce motif et parce que c'est notre opinion que, depuis 1845, toujours
avec persistance et abnégation, nous avons tenté, dans nos différents ouvrages,
de combler les lacunes, de rectifier les définitions, en un mot la partie scientifi-
quement explicative. Avons-nous réussi? Nous le croyons. Toujours est-il que
nous avons fait de notre mieux et avec désintéressement.

M. de Brèves, qui n'admet pas, selon M. Rul, page 98, comme suffisantes à
l'instruction des *méthodes* qui n'ont point pour base *la science* la plus rigoureuse,
n'a pas tout à fait tort. Nous ne sommes pas complétement d'accord avec M. Rul,
quand il nous dit, page 99 : « Oui, le monument est érigé; il n'y a plus, quoi
« qu'en dise M. de Brèves, de pierre à y apporter; il n'y a plus rien à y
« ajouter. »

Nous croyons que tout progresse et doit progresser, nous ne sommes donc pas
en parfaite harmonie, à cet endroit, avec M. Rul, puisque nous apportons, de
nouveau, notre part de labeur pour étayer l'édifice nouvellement construit. Si
M. Rul trouve le monument complet, s'il n'y a rien à y ajouter, rien à en re-
trancher, nous sommes en droit de lui demander pourquoi, dans son livre, le
Bauchérisme, celui qui nous occupe en ce moment, apporte-t-il des modifications,
des expressions nouvelles, des mots nouveaux?

Les descriptions scientifiques des mouvements automatiques des êtres organi-
sés (mécanique animale), pour être compréhensibles par tous, obligent impérieu-
sement l'emploi constant de démonstrations empruntées aux lois physiques,
(statique, dynamique, physiologie); sans cela tout devient diffus, sans valeur
sérieuse.

Tout livre équestre qui ne sera pas établi sur ces bases pourra produire un
engouement passager, mais il ne sera jamais une œuvre de fond.

Selon M. Rul, page 4, un *cheval équilibré* veut dire :

« 1° *Répartition exacte du poids et de la force,*
« 2° *Concentration intime de cette force et de ce poids.* »

Est-ce bien exact?

1° RÉPARTITION EXACTE DU POIDS.

Le poids est supporté par les membres d'une manière *inégale ;* toutefois, la *répartition* peut être *régulière.* Les hippiatres, pour exprimer cette manière d'être
du cheval, se servent d'une expression particulière, M. Lecoq nous enseigne :

« Le poids du corps est réparti non *pas également,* comme on le dit souvent, mais
« d'une *manière régulière,* sur les quatre membres dont *les antérieurs supportent*
« *toujours une plus forte part que les postérieurs.* »

Les expériences auxquelles se sont livrés M. le général de division Morris et
M. Baucher confirment pleinement cette théorie (*Journal des Haras,* tome 15,
juin 1835, p. 155).

Est-ce ainsi que M. Rul entend la répartition exacte du poids?

(Suite). RÉPARTITION EXACTE DE LA FORCE.

Répartition veut dire : Division, Partage, Distribution.
La force serait donc *exactement divisée.*

2° CONCENTRATION INTIME DE CETTE FORCE.

Comment la force peut-elle, *en même temps,* être *divisée* et *concentrée ?*

(Suite). CONCENTRATION INTIME DE CE POIDS.

Concentrer veut dire : Rapprocher du centre. Le centre de gravité peut, en
effet, être modifié dans sa position. Plus la base de sustentation du cheval sera
rendue petite, plus l'équilibre sera instable, plus aussi le centre de gravité se
rapprochera du centre de la base. Le cheval emploie alors ses forces, les centralise
au centre de gravité, pour le maintenir central à la base. Nous ne pouvons con-
cevoir autrement la concentration intime du poids.

Un cheval *équilibré* n'est donc qu'un cheval *rassemblé,* ce qui le rend très-
mobile, quelle que soit sa sensibilité.

M. Rul est dans le vrai et s'exprime très-bien, en avançant, page 5, que :
« La méthode Baucher n'est autre chose que l'application à l'équilibration du
« cheval des lois immuables de la gravitation. » Selon nous, le cheval dressé
d'après la méthode Baucher est plus qu'un cheval équilibré, puisque avant d'avoir
la possibilité de manier ainsi le cheval, il faut surtout *annuler sa volonté, modifier son caractère.*

Les physiologistes les plus remarquables reconnaissent plusieurs moyens pour
réduire les animaux en servitude : la séduction ou la force (Cuvier), et, en cas
d'insuccès, ils admettent pour les méchants ou rétifs les privations, les veilles
forcées, le travail pénible, les coups, la castration, etc. (G. Colin).

La nouvelle École se sert de *la douleur.*

L'éperon appliqué au cheval de la manière *découverte et indiquée* par M. Baucher
donne les résultats suivants :

Physiquement.

L'éperon subjugue et asservit le cheval, lui ôte la liberté et rend tous ses *mouvements subordonnés à la volonté du cavalier.*

Moralement.

L'éperon assujettit et soumet le cheval, *annule sa volonté,* change son caractère, modifie son instinct, qui le rend indépendant, et lui inculque la docilité, la soumission.

Le système Baucher donne donc un résultat plus complet que celui d'un cheval équilibré. Il est en outre *discipliné, réglé, soumis.*

Alors l'écuyer, en maître absolu, sévère, peut tout exiger du cheval, il n'y a plus de limites que celles résultant du mécanisme animal ; l'écuyer devra éviter d'abuser de sa puissance en ménageant les forces.

Cette domination, *encore incomprise dans la cavalerie,* sur un être aussi intelligent que le cheval, est phénoménale ; elle est le résultat des admirables découvertes de M. Baucher, l'écuyer observateur par excellence.

S'il est vrai, comme le pense M. Rul (page 5), que l'opposition des trois quarts des adversaires de la méthode Baucher ne repose que sur un malentendu , nous allons de nouveau, comme le fait M. Rul, essayer de faire cesser ce malentendu.

LETTRE DE M. RUL A M. BAUCHER.

M. Rul, page 7, nous donne un résumé succinct des cours, des travaux qu'il a faits depuis quatorze ans, pour propager la science équestre, celle de la nouvelle École dans presque toute l'Europe.

Cette partie du livre offre un vif intérêt ; il faut une bien grande assurance, être bien sûr de soi et posséder une ferme volonté pour lutter constamment avec succès, comme l'a fait M. Rul, contre la routine, l'orgueil, l'ignorance, l'intérêt, l'amour-propre, et cela sans jamais se décourager.

M. Rul rappelle les débuts, les essais de la nouvelle École dans la cavalerie française, sous le patronage éclairé du duc d'Orléans et du maréchal Soult, essais déjà satisfaisants, qui furent suspendus aussitôt la mort du prince, par suite de *l'opposition systématique* du duc de Nemours, *malgré l'approbation presque unanime des officiers les plus intelligents, les plus instruits de la cavalerie,* qui avaient été consultés, lesquels officiers avaient exprimé et motivé leur opinion, *par écrit,* après de longues et nombreuses expériences.

M. Rul mentionne ses succès en Belgique, où il initia aux nouveaux principes tous les capitaines instructeurs de la cavalerie et de l'artillerie, plus un grand nombre d'officiers et sous-officiers de toutes armes. Beaucoup de ces Messieurs nous font connaître, au chapitre *Documents* qui suit, leur approbation, leur satisfaction à l'endroit de la nouvelle École ; les opinions sont motivées et généralement bien exprimées.

De retour en France, M. Rul voulut bien se charger de conduire, de Paris à Prague, *Robert* et *Capitaine,* deux chevaux de M. Baucher destinés à l'une de ses élèves, Mlle Pauline Cuzent. M. Rul a été prié de monter ces chevaux devant les amateurs, les écuyers et même en public, soit à Hambourg, Dresde et Prague. La justesse d'exécution de cet habile écuyer, la perfection du dressage de ces deux chevaux, ont attiré à M. Rul les éloges approbateurs de tous les hommes instruits et intelligents, lesquels (page 11), « vingt-quatre heures « après, n'étaient pas encore revenus de leur étonnement et de leur admiration. »

De là M. Rul s'est rendu en Autriche, en Prusse, où Sa Majesté le Roi chargea M. Rul de lui dresser un cheval ; dans le Hanovre, où l'habile M. Mayer, premier écuyer du Roi, *ne tolère pas de martingale,* ni de brides de renfort, etc., en Hollande, en Angleterre.

Quatre ans plus tard, les pérégrinations recommencent : à Naples, le Roi offre à M. Rul l'emploi de premier écuyer de Sa Majesté ; en Italie, en Sardaigne, en Prusse surtout, comme toujours, M. Rul triomphe de tous les obstacles qui lui sont suscités par les passions de toute nature; partout M. Rul laisse des traces, des germes de la nouvelle École, laquelle s'est ainsi impatronisée là où cet écuyer a mis le pied.

Ceci est plus que du zèle, c'est du dévouement; pour agir ainsi, il faut avoir la foi.

Cette longue lettre de M. Rul à M. Baucher, ou plutôt ce *rapport,* fourmille d'incidents, d'anecdotes, de renseignements utiles aux praticiens, aux amateurs, aux cavaliers.

Nulle doute qu'avec le temps, plus tôt qu'on ne le pense peut-être, la nouvelle École sera la seule faisant partie de la *bonne éducation dans tous les pays éclairés ;* elle sera admise et pratiquée par tous les hommes qui aiment les chevaux et s'en occupent par devoir et par goût.

DOCUMENTS.

Ce chapitre est une suite nombreuse d'attestations émanant de personnes *honorables, distinguées* et *élevées*, qui s'accordent toutes à faire l'éloge de M. Rul et de son enseignement.

S. M. le roi des Deux-Siciles charge son grand-écuyer, le duc de San-Césario, d'exprimer à M. Rul toute son approbation et sa reconnaissance pour les chevaux dressés pour Elle par cet habile écuyer; le directeur des attelages de S. M., M. A. Falconnet, signale les succès immenses qu'il obtient pour les *chevaux d'attelage,* en les soumettant au dressage selon le nouveau système.

Ces lettres indiquent pour la plupart que la méthode est bien comprise, elles viennent d'adeptes sérieux qui feront progresser l'équitation, la transmettront intelligemment; elles démontrent d'une manière incontestable l'habileté du professeur, la supériorité reconnue de la nouvelle École.

Nous sommes heureux de pouvoir féliciter M. Rul d'avoir obtenu des résultats aussi satisfaisants, ceci nous prouve toute l'importance que l'on attache, *à l'étranger,* aux belles découvertes du célèbre écuyer français, M. Baucher.

PROLÉGOMÈNES.

L'auteur développe dans une longue préface, page 59, les notions les plus nécessaires à l'intelligence des matières traitées dans le chapitre Dressage du cheval, qui suit.

Le jeu des forces musculaires est emprunté à l'un de nos honorables professeurs, le digne M. de Saint-Ange.

M. Rul nous donne une explication de ce que M. Baucher nomme *balance hippique,* dans les termes suivants :

PAGE 63 : « Le cheval bauchérisé reproduit exactement cette balance hippique, *puisqu'il a son centre de gravité au milieu du corps* PAR RAPPORT AU POIDS ; « c'est à cette position que le *cheval bauchérisé* (équilibré) doit de pouvoir avec « la même facilité se porter en avant ou en arrière, à droite ou à gauche, prendre « une allure vive ou raccourcie, etc., etc. ; il ne s'agit que de *tendre l'arc* plus « ou moins. »

Cette *balance hippique* n'est autre chose que *le rassembler;* ce qui oblige l'animal à se placer en *équilibre instable.*

On pourrait croire, d'après M. Rul, que le cheval dit *bauchérisé* est constamment dans cette *attitude artificielle*, il n'en est rien ; ce n'est que lorsque les aides sollicitent l'animal qu'il se place ainsi.

Le degré de rassembler est proportionné à la position préalable que doit prendre le cheval, pour pouvoir exécuter le mouvement résolu par le cavalier.

Le rassembler est le résultat de la puissance des aides ; cette puissance elle-même se règle sur la facilité de se rassembler que possède le cheval.

Le centre de gravité du cheval rassemblé *est-il au milieu du corps par rapport au poids ?* comme l'indique M. Rul.

Le cheval en station régulière a son centre de gravité un peu plus bas que la moitié de la hauteur du tronc, plus près des membres antérieurs que des membres postérieurs, environ aux deux tiers antérieurs du parallélogramme formé par l'assiette des quatre pieds (MM. F. Lecoq, Morris et Baucher).

Le centre de gravité de l'homme à cheval est sur une ligne verticale passant par les ischions et à hauteur des dernières vertèbres lombaires ; par conséquent plus haut et plus en arrière que celui particulier au cheval (Pelletan).

Il existe un *centre commun de gravité* à l'homme et au cheval placé sur la résultante des forces parallèles de la pesanteur de l'ensemble de toute la masse (homme, cheval, selle, charge, etc.), *et c'est celui-là seul*, le *centre commun*, dont il doit être question en équitation raisonnée.

La position du centre commun de gravité variera selon la volonté du cavalier, selon le degré de rassembler qu'il donnera au cheval, selon l'attitude qu'il lui fera prendre. Plus il sera dirigé vers les limites de la base de sustentation, quelle qu'elle soit, plus l'animal emploiera ses forces pour le retenir, l'empêcher de sortir de la base ; *l'aplomb sera irrégulier ;* aussi, le cheval cherche-t-il, dans ce cas, à s'appuyer sur les rênes, pour cela il est contraint de raidir sa main (sa bouche) et son bras (son encolure) ; par suite toute la colonne vertébrale sera contractée : (c'est la position forcée donnée par l'École de M. D'Aure, pour obliger le cheval à être *perçant*).

Les tours de Pise nous donnent un exemple de *l'aplomb irrégulier ;* la verticale passant par le centre de gravité n'est pas centrale à la base, elle se rapproche de l'extrémité, du bord de la base de sustentation du côté de l'inclinaison.

Plus le centre commun de gravité sera central à la base, plus *l'aplomb sera régulier ;* le cheval pourra se passer de l'appui sur la main, par conséquent il pourra rester souple et liant.

Quant aux forces musculaires du cheval assoupli, ramené et par conséquent dans *l'aplomb régulier*, elles seront mises en jeu, *en raison directe de la petitesse de la base de sustentation ;* lorsque celle-ci sera grande, les forces seront peu sollicitées, parce que l'équilibre sera stable ; lorsqu'au contraire la base de sustentation sera rendue petite, les forces se centraliseront autour du centre commun de gravité, elles feront effort sur lui, s'entre-détruiront réciproquement, *se met-*

tront en équilibre entre elles pour maintenir ce point *central du poids* au-dessus de la base; l'équilibre sera alors instable.

L'homme placé sur la pointe d'un pied est au rassembler complet.

Ce que nous venons d'expliquer pour le cheval en station se reproduit également pendant la marche. La main du cavalier permet au centre commun de gravité de se porter en avant ou l'oblige à rétrograder. Les jambes du cavalier stimulent le cheval, provoquent l'effort, l'action musculaire; de là l'obligation de débuter par les jambes; l'impulsion donnée, la main la régularise, la domine. De l'opposition variable à l'infini de ce moteur (les jambes) et de ce régulateur (la main) il résulte une grande combinaison de mouvements divers ou l'immobilité. Tant que le cheval est maintenu rassemblé, par l'effet des aides, soit en station, soit en mouvement, l'équilibre de tout l'édifice est tellement instable, *la pyramide est si vacillante*, qu'il suffit au cavalier d'incliner très-légèrement le haut de l'ensemble du poids, pour diriger la résultante des forces parallèles de la pesanteur, et par conséquent le cheval du côté de l'inclinaison. *C'est ainsi que le corps fait marcher les jambes.*

Plus le cavalier se *centaurisera*, plus le cheval *s'identifiera* avec lui; le tout ne sera qu'une *machine vivante*, comme le dit M. Richard, dont *l'homme sera le véritable cerveau, le foyer de volonté, le cheval en sera les membres.*

Qu'il y a loin de cette équitation à celle enseignée dans nos écoles diverses de cavalerie, etc., etc., à celle pratiquée dans nos régiments !!!

Pendant le rassembler complet, alors que le cheval est mis au piaffer, pendant cet air qui s'exécute sur place, *le centre commun de gravité, le centre du poids est presque au centre de figure.* Quant au centre de gravité du cheval, pour qu'il se trouve dans de semblables conditions, il faudrait placer le cheval dans cette même attitude au piaffer; mais *sans qu'il soit monté, sans poids additionnels.*

Le cheval *nu* mis au piaffer par le cavalier à pied, à l'aide de la cravache, celui-ci pourra être dans les conditions énoncées par M. Rul; s'il en est autrement, si le cheval est monté, nous croyons la théorie de l'auteur du Bauchérisme peu admissible.

C'est ainsi que nous entendons *la balance hippique*, enseignée par M. Baucher.

L'auteur fait ressortir avec beaucoup d'habileté la vicieuse position donnée aux chevaux par l'équitation allemande, lesquels constamment sur les jarrets, assis, traînent leur croupe, s'usent rapidement et sont disgracieux. Ceci nous rappelle que, lorsque nous étions en Allemagne, en 1825, nous avons vu des *Reitmeister*, soi-disant écuyers, réputés maîtres, assouplir leurs chevaux d'une singulière manière.

Le cheval monté en bridon devait porter le nez au vent, voûter son encolure en contre-bas (encolure de cerf), puis alors, à l'aide du bridon et du mors de la bride, agissant en même temps, le bridon en haut, le mors de la bride en bas, on obligeait le cheval à s'asseoir, à s'acculer et à ramener sa tête verticalement.

L'encolure se rouait près de la tête, près du garrot, elle conservait sa première courbure; lorsque cet assouplissement était perfectionné, lorsque la forme de l'encolure présentait une S couchée; le cheval était dit *déganaché*.

Pour obtenir de la cadence, du tride, dans les mouvements, on garnissait les paturons de colliers munis de petites clochettes, pour faire jeter les membres antérieurs en dehors (billarder), on mettait aux canons des boules de bois garnis de peau de renard, etc., etc.

Nous ne sommes point étonné que l'École allemande confonde le dressage du cheval *mis* pour la selle avec l'art de dresser des chevaux, pour en faire des savants!!!

ÉTUDE DU MÉCANISME DU CAVALIER.

M. Rul fait ressortir d'une manière bien exprimée, page 71, combien il est important pour le cavalier d'exercer son mécanisme. Personne ne conteste aujourd'hui que, pour acquérir de l'habileté, de la facilité dans les exercices du corps, il faut exercer les forces d'une manière progressive, en faisant agir les membres collectivement et isolément, uniformément et contradictoirement. Ces exercices gymnastiques augmentent l'activité musculaire, donnent la souplesse, rendent le corps agile. *Les progressions, les exigences varient suivant les gymnasiarques.*

M. Rul rend cette partie de l'instruction du cavalier très-complète. Nous sommes moins exigeant.

Page 71 : « Le général Daumas apprécie en ces mots l'instruction de notre « cavalerie.

« Tandis qu'il nous faut plusieurs années pour obtenir un médiocre ca-« valier. »

Nous répondons avec M. Rul et comme lui :

« Tandis qu'il ne faudrait que quelques mois pour faire un excellent cavalier « militaire. »

L'ordonnance du 6 décembre 1829 ne fait passer à l'*École d'escadron à cheval* l'homme de recrue qu'après cent quatre-vingts leçons données à l'homme à cheval (École du cavalier, École de peloton); ne sont pas comprises dans ce nombre de leçons celles dites *de voltige*, celles préparatoires à l'instruction à cheval.

« Article 5. L'instruction de l'homme de recrue commence par le travail à
« pied, etc., etc.

« On lui apprend à sauter à cheval à gauche et à droite, etc., etc.

« Les hommes de recrue, après huit jours, sont mis à la première leçon à
« pied ; on continue à les instruire des détails ci-dessus mentionnés. » C'est-à-
dire que l'homme de recrue continue la voltige, comme les autres parties de son
instruction, etc., etc.

« Ils sont exercés à pied, autant que possible, deux fois par jour, et chaque
« fois pendant une heure et demie, etc., etc.

« Les hommes de recrue doivent, après six semaines ou deux mois au plus,
« être en état de monter la garde au quartier, etc., etc.

« Aussitôt qu'il a monté sa première garde, on commence son instruction à
« cheval. »

C'est donc environ quarante ou cinquante leçons au moins de voltige à ajouter
aux cent quatre-vingts accordées par *l'ordonnance* pour mettre l'homme à l'École
d'escadron. Ce total de *deux cent trente leçons demande une année entière de présence continue...* Chiffre énorme!! Que de temps perdu !!! Et tout cela pour arriver à *mériter le jugement* de M. le général Daumas !!!

KINÉSIE ÉQUESTRE.

M. Rul débute par cette vérité, page 72 : « La souplesse à cheval n'est que
« la force exacte, harmonisée, coordonnée et employée à propos. »

D'après M. Rul, le cavalier commence par la voltige de pied ferme ; il saute à
cheval, prend la position, saute à terre des deux côtés ; au fur et à mesure de la
perfection, ce travail se fait avec des poids, des armes.

Le cavalier à cheval, sans étriers, en place, est assoupli dans tous les sens,
apprend à se déplacer, se replacer par les reins et les genoux, manie des poids,
des armes, sangle ou dessangle le cheval, en couverte et même à poil.

La voltige en marche se fait le cheval à la longe, aux trois allures, sans
étriers, avec étriers, sans surcharge, avec surcharge ; ce travail comprend le saut
des barres et fossés.

M. Rul nous dit, page 74 : « Deux mois de kinésie équestre font d'une re-
« crue un cavalier plus solide à cheval que ne le sont les cavaliers militaires
« après des années, sous l'influence pernicieuse du mode d'instruction usité jus-
« qu'à ce jour. »

Ce travail est certes très-complet et doit nécessairement donner aux cavaliers

4.

de la hardiesse, de la solidité; mais il exige une chose essentielle, *la jeunesse :
c'est un excellent travail pour la cavalerie.*

Nous avons aussi une gymnastique préparatoire à l'instruction à cheval ; elle
est moins compliquée, par conséquent elle est apte à tous les cavaliers.

C'est à pied que nous assouplissons d'abord notre élève; puis nous lui donnons, toujours à pied, les premiers principes d'équitation : *la position du cavalier à cheval*, le maniement et le mécanisme des rênes du bridon et de la bride, *les premières notions du mécanisme des aides* (une jambe se porte, selon le jeu des rênes, plus ou moins en arrière que l'autre). Nous l'initions aux résistances du cheval, en les imitant sur les rênes. Nous allons plus loin encore, nous faisons sentir à notre élève les effets du mors de la bride, *nous le bridons.* (Voyez *Examen du Cours d'Équitation*, de M. d'Aure, 5e partie.)

Là se termine la gymnastique à pied ; celle à cheval est proportionnée à la nature de l'élève ; pour tous, et afin de rendre le passage *du facile au difficile inappréciable* aux cavaliers, nous faisons commencer les étriers chaussés, etc., etc.

Nous comptons parmi nos élèves un de nos amis, M. C........, capitaine en retraite, qui a appris à monter à cheval, alors qu'il était au 59e de ligne, en vingt-cinq leçons. Il était bien âgé quand il a commencé, trop âgé!!! Enfin le succès a été complet. Notre gymnastique, comme on le voit, n'est pas *hérissée de difficultés.*

DU HARNACHEMENT,

Mors de bride.

Le mors avec une chaînette pour fausse gourmette recommandé par M. Rul est encore un peu compliqué pour des *soldats-cavaliers.*

Selon nous, le mors n'a pas besoin d'avoir ce qu'on appelle *la liberté de langue;* il doit permettre au cheval de pouvoir manger sans être débridé, et les branches inférieures doivent être façonnées de telle sorte que le cheval ne puisse *s'armer contre le mors*, quoiqu'elles soient dépourvues de fausses gourmettes.

Dans la cavalerie française, beaucoup de mors de bride font *énormément la bascule*, ce qui fausse leur mécanisme régulier, lequel doit représenter un levier du deuxième genre.

On a cherché à obvier à cet inconvénient en employant divers moyens : les uns ont renforcé les porte-mors, d'autres ont proposé une sous-barbe fixée aux porte-mors.

Le premier système est insuffisant; le second peut être remplacé bien simplement. Il s'agit de donner plus de longueur à la partie supérieure des branches du mors ; de cette manière, on éloigne le point d'appui de la résistance, et la bascule se trouve réduite à ce qu'elle doit être.

Les branches supérieures du mors de bride doivent être ouvertes, dirigées en dehors, de telle sorte qu'elles ne puissent comprimer les joues du cheval, ce qui a lieu généralement avec le mors actuel et fait *battre les chevaux à la main.*

La fausse gourmette en cuir nécessite des petites boucles, des petits passants , celle en chaînette, des petits crochets, des petits anneaux. Quelle que soit la fausse gourmette, elle oblige le cavalier à placer la gourmette d'une certaine façon, l'anneau de gourmette destiné à la fausse gourmette devant être en dehors et en bas. *Tout cela n'est pas assez simple.*

La gourmette est déjà trop compliquée ; elle doit être flexible sans doute, mais elle devrait rester forcément sur son plat, sans qu'il soit obligatoire de la tourner sur elle-même, dans un certain sens, pour arriver à ce résultat.

Filet.

Le filet, dont M. Rul fait un assez grand usage, n'est pas indispensable pour le dressage et peut être *supprimé pour le cavalier* qui a le bridon d'abreuvoir.

Nous n'avons jamais vu un seul cavalier des armées alliées et russes, excepté les Cosaques, etc., faire usage du filet pendant toute la campagne d'Orient. Les chasseurs d'Afrique ne l'utilisent que pour l'abreuvoir. On sait que les orientaux s'en passent complétement.

Éperons.

Nous sommes d'accord avec M. Rul, nous voulons les éperons courts.

Nous allons signaler, à propos de harnachement, quelques observations qui ne seront pas, nous l'espérons, *sans utilité pour l'avenir.*

Licol de parade.

Le licol de parade casse à la première frayeur du cheval attaché par la tête ; il est avantageusement remplacé par un collier, que l'on fixe à volonté au-dessus de tête de la bride, ce qui permet de supprimer la sous-gorge.

Nous avons pu étudier et comparer très-sérieusement ces deux effets de harnachement pendant la guerre d'Orient. Le 6e de dragons avait des colliers, ainsi que les chasseurs d'Afrique ; les autres régiments de cavalerie faisaient usage du licol de parade. Le 6ᵉ de dragons n'a *pas eu une couture* à faire faire aux colliers ; quant aux licols de parade, ils étaient toujours *en morceaux* ou *en réparation*.

La tête du cheval bridé est aussi bien plus dégagée ; ce système réunit donc la solidité et l'élégance.

Longe d'attache.

La longe d'attache variait chez les différentes cavaleries des armées alliées. Les Anglais, qui ne craignent pas de dépenser de l'argent, pourvu que cela soit meilleur, avaient, dans le commencement de la campagne, de belles chaînes en fer ; il les ont changées, parce qu'elles se cassaient, surtout pendant la gelée, pour de très-bonnes longes en cuir ; plus tard, ils ont encore changé pour de simples cordes.

Le froid, le chaud, l'humidité, la boue, l'action de tourner du cheval, toutes ces causes détruisent bien vite une longe, quelle qu'elle soit.

Les Russes se servent de longes en cuir ; les Turcs, les Arabes, les Circassiens, les Bachi-Bozouks, se servent généralement de cordes en poil de chameau ; les Tatars emploient souvent des cordes en crin de cheval ; tous ces systèmes sont incomplets.

La longe d'attache pour la guerre est *encore à chercher*.

Selle.

M. Rul recommande une selle que nous reconnaissons très-bonne *pour le manège* ou *la promenade*, parce qu'elle est flexible et laisse le cavalier près du cheval ; mais pour la cavalerie, il nous faut un harnachement plus complet et surtout plus solide.

La selle de cavalerie, en campagne, sert aussi de *bât*. La charge est quelquefois énorme. Il faut savoir qu'un cavalier est souvent astreint à emporter des vivres pour 4 jours, pour l'homme et le cheval ; du bois pour faire cuire la soupe, le café ; une tente pour 4 hommes, avec ses piquets ; une corde grosse comme le bras d'un enfant, de dix mètres et plus de longueur, et souvent pleine de boue ; deux gros piquets pour la fixer au sol ; souvent un lourd marteau pour enfoncer ces piquets (on ne trouve pas des pierres partout), une marmite, de l'eau, une entrave ferrée, plus les munitions de guerre, les fers et clous, les armes, le harnachement, l'habillement, l'équipement, etc., et enfin le cavalier.

Lorsque nous avons traversé les Balkans (1854) pour la première fois (de Gallipoli à Varna), *la charge moyenne de nos chevaux était de 150 kilogrammes. La* pluie, la boue, augmentent encore le poids, surtout le manteau, lorsque, sur le dos de l'homme, il est toute la journée et toute la nuit à la pluie.

On a *enfin* senti la nécessité absolue d'alléger la cavalerie (1855). On a supprimé *presque tout*, moins une tenue en drap et une en toile; l'habit sans revers et un pantalon de cheval; la blouse et un pantalon de toile.

Une paire de souliers a remplacé la 2ᵉ paire de bottes. Plus de veste, de besace; plus de schabraques, de surfaix; plus de porte-manteaux; plus de tous ces brimborions, avec lesquels on éreinte les chevaux. Plus de porte-crosse, le fusil constamment à la grenadière.

Il n'y a rien d'exagéré dans le tableau que nous mettons sous les yeux du lecteur; il existe encore bien des effets, à porter sur les chevaux, dont nous n'avons pas parlé : les grands bidons, les grandes gamelles, les faulx, les sacoches du maréchal, etc., etc.

Nous avons eu l'occasion d'expérimenter la selle recommandée par M. Rul; nous voulûmes faire, à cheval, le trajet de Saumur à Valenciennes, en passant par Lyon et Paris. Cette selle, *bien ajustée*, a tellement comprimé, pincé le garrot sur les côtés, par son étroitesse d'ouverture, que notre cheval a été blessé, malgré nos soins, et assez grièvement, pour nous obliger à faire halte à Lyon; il a même fallu une opération, un abcès étant survenu sur le côté gauche du garrot.

Nous avons fait aussi l'expérience d'une selle sans palette, comme celle que nous avons vue en service au 12ᵉ dragons. Avec cette *selle de troupe*, nous avons assisté à tous les exercices, à toutes les manœuvres d'un camp à Lunéville; puis nous avons suivi notre régiment à Marseille, et enfin, nous ne nous sommes pas servi d'autre selle pendant toute la campagne d'Orient; *jamais cette selle n'a blessé un cheval*. Cette selle avait été donnée à un de nos camarades, par son inventeur, M. Cogent.

Disons de suite que nous avions fait faire quelques modifications à cette selle, résultat de nos théories; puis encore quelques légers changements, résultat de cette longue expérience, *trois ans*; elle n'a jamais eu besoin de réparations.

Ces modifications, les voici :

Diminuer la longueur de la selle;

Séparer les prolongements des bandes par une échancrure réservée aux reins;

Ajuster la croupière avec une fourche à la selle.

La croupière devrait être élastique; sa rigidité la rend cassante, ce qui arrive trop fréquemment.

Rembourrer le siége, trop dur, et surtout *l'élever beaucoup postérieurement*, pour obliger la position, l'assiette à conserver *le poids* du cavalier *central à la selle*, ce qui n'a pas lieu avec la selle en usage; l'appui se fait trop en arrière.

Couper et diminuer les quartiers, les façonner comme ceux d'une selle anglaise; la partie antérieure représentant une ligne verticale, la selle étant sur le dos du cheval placé régulièrement ; les bords antérieurs des quartiers rembourrés pour fixer les genoux du cavalier.

Les fontes de pistolet remplacent les sacoches ; elles sont construites de manière à ce que la crosse des pistolets soit dirigée du côté du cavalier, ce qui permet de prendre facilement l'arme, quoique le manteau soit sur les fontes. La selle actuelle affecte trop de place aux sacoches ; lorsque le cavalier est plus en avant sur la selle, plus central, le porte-manteau peut se placer sans qu'il soit besoin d'une palette pour le soutenir.

Les sacoches en usage ne sont pas assez larges au fond, pas assez profondes ; elles sont trop inclinées, ce qui couvre et gêne les épaules. La sacoche gauche est presque *entièrement remplie par la fonte de pistolet*. Pourquoi placer le pistolet dans la fonte gauche, est-il mieux à la portée de la main droite ?

Les Russes et les Turcs portent les pistolets à la ceinture ; les Circassiens en passent un sous le ceinturon, derrière le dos, la crosse en l'air et tournée à droite ; la cavalerie sarde place le pistolet sous la courroie de paquetage du côté droit : il est alors tout à fait à la portée de la main droite. Beaucoup d'officiers portaient, pendant la campagne, un *révolver* placé dans un étui, suspendu à une courroie passant sur une épaule et bouclé sur le flanc gauche ; nous avions aussi un *révolver* avec son étui ; à cet étui était adapté un large passant, dans lequel nous engagions la partie gauche de notre ceinturon. Ce mode de support ne nous a nullement gêné ; le pistolet incliné à droite est bien vite à la main. Nous pensons que le pistolet de cavalerie doit être fixé après l'homme et non après le cheval, comme il est en usage actuellement.

Poitrail.

Dans notre premier ouvrage, *Manuel Équestre* (1845), nous proposions la suppression du poitrail ; les expériences de la guerre ont modifié notre opinion : *le poitrail est indispensable ; mais la fausse martingale du poitrail est inutile*, incommode ; c'est une surcharge par les temps boueux ; le mode adopté par les chasseurs d'Afrique nous a paru le meilleur.

Sangles.

Les sangles de notre selle modifiée sont en *cordes-ficelles* de la grosseur d'un tuyau de pipe ; elles sont dites *sangles allemandes*. La même paire nous sert depuis *douze ans* ; ces sangles n'ont jamais été en réparation ; on les blanchit comme les buffleteries ; propres, on les dirait neuves ; elles sont suffisamment élastiques ; ne gênent pas la circulation, la pression étant constamment variable ; elles sont belles et solides.

Les sangles ne doivent pas être fixées *au centre* de la longueur de la selle, comme c'est l'usage dans la cavalerie française, mais bien *au tiers antérieur* de la selle. Des petits faux-quartiers garantissent les flancs du cheval des boucles des sangles.

Lorsque la selle actuelle est placée régulièrement sur le dos du cheval, les sangles lui *coupent le ventre en deux;* elles sont tellement en arrière, qu'elles empêchent le jeu des fausses côtes pendant la respiration agitée, puis, comme les sangles ont une place *régulière, naturelle,* en arrière et près des coudes, elles glissent sur la poitrine, aussitôt le cheval en mouvement; elles suivent la pente du cône représenté par le cheval, viennent se loger près des coudes et *attirent* par conséquent *la selle en avant.* Alors la selle, déjà trop élevée du devant, s'élève encore davantage; le cavalier *est rejeté sur la palette; la selle, la charge devient plongeante en arrière;* le cheval se blesse; le cavalier prend une fausse position, tend les jambes en avant, incline le haut du corps, se plie en V; le cheval, aussi mal à l'aise que le cavalier, se contracte, exprime ses souffrances à sa manière. *Qu'importe, tout a été fait et réglé d'après l'École de cavalerie de Saumur !!!*

Le *Cours d'Équitation de M. D'Aure* nous enseigne :

« XVI. Manière d'ajuster un arçon a une selle.

« Chaque régiment est pourvu de six arçons de pointure. Lorsqu'il s'agit d'a-
« juster une selle à un cheval, on recherche, au moyen de ces six arçons, quel
« est le numéro le plus en rapport avec la structure du cheval, et l'on prend
« ensuite, dans le magasin du Corps, une selle correspondante à ce numéro. »
(Toutes les structures sont donc classées en six groupes différents.)

Dans le détail de l'opération qui suit, on indique bien que le cheval doit être placé d'aplomb; mais le cours a *oublié* que la structure du cheval non monté n'est pas celle de ce même cheval quand il est monté; il a *oublié* que la fatigue fait encore énormément modifier la ligne du dessus, etc., etc.

D'où il résulte que cette selle *ajustée selon les règles prescrites par le Cours d'Équitation ne l'est plus dès que le cheval est monté, chargé et surtout fatigué.*

Selon nous, cette *erreur* du cours d'Équitation est la *principale cause* des nombreuses blessures survenues à la cavalerie française, pendant son trajet de Gallipoli à Varna en 1854. Les neuf dixièmes de ces blessures ne peuvent être attribuées au défaut de soin des cavaliers, à leur manque d'expérience; elles n'ont pas d'autres causes que la direction plongeante en arrière de la charge, ce qui résulte des causes que nous avons signalées. *Tous les chevaux blessés* l'étaient sur la partie supérieure des côtés à l'endroit correspondant à la partie postérieure des lames de la selle; les chairs étaient mâchées par la *trop grande pression* exercée sur ce point *d'une manière permanente.*

Cette sévère leçon profitera-t-elle ?

L'aspect de la selle *Cogent-modifiée*, vue sur le cheval, lui donne l'apparence d'une selle Theurkauff ; le dessous a plus d'ouverture, plus d'air, moins de compression pour le garrot, le dos et les reins ; les deux bouts ne *portent pas* lorsque le cheval est sellé, ils portent *moins que le centre* lorsqu'il est monté et chargé ; il faut *une grande fatigue* pour que la selle porte *également* partout. On sait que cette selle est rigide.

Converte à cheval

Nous nous servions en marche d'une couverte pesant deux kilos, pliée en quatre et placée sous la selle, et la débordant de cinq à six centimètres (deux pouces) en avant et en arrière, ce qui est suffisant ; dans les expéditions, nous ne faisons usage que d'un feutre en poil de lièvre, dit *feutre d'Allemagne.*

Les Russes, les Tatars et les Orientaux ne se servent que de feutres.

Pendant la guerre d'Orient, il est arrivé fréquemment à nos cavaliers de perdre la couverte à cheval dans les courses rapides et de longue haleine que nous faisions après l'ennemi.

On pourrait obvier à ce grave inconvénient en adoptant deux passants en cuir fixés après la couverte, sur les côtés, correspondant aux passages des sangles. Les sangles, ou la sangle, seraient engagées dans ces passants, la couverte se trouverait fixée et conserverait sa position régulière.

Les feutres ne glissent pas sur le dos du cheval. La couverte tend toujours à aller du côté de la croupe, aussitôt que le cheval n'est plus suffisamment sanglé.

HARNACHEMENT DES UHLANS.

Le brillant combat de cavalerie du 29 septembre 1855, à Kanghil, où un grand nombre de chevaux fut pris à l'ennemi (250), parmi lesquels beaucoup venaient des uhlans (lanciers), nous permit de faire quelques observations qui ne manquent pas d'intérêt dans la question qui nous occupe en ce moment.

Tous les chevaux sellés, avec la *selle à la hussarde,* avaient des feutres superposés, au nombre de quatre, cinq et plus. Tous les modèles de bride, *sans aucune exception,* que nous avons vu essayer, modifier, changer si fréquemment dans la cavalerie française depuis vingt-six ans, y compris la bride actuelle, laquelle est bien la plus *mauvaise* et la plus *ridicule* de toutes; plus un grand nombre à nous inconnues ; toutes ces brides, ces mors se trouvaient employés par les uhlans.... Nous avons remarqué un mors de bride dont les branches sont courbes comme un C ; la convexité était dirigée en avant, les fausses gourmettes à chaînette, etc., etc., sont employées par les uhlans.

Quelques étriers avaient l'œil du porte-étrier mobile, articulé par pivot, ce qui fait que *l'étrivière est toujours sur son plat*, quelle que soit la manière dont le cavalier chausse l'étrier.

La sangle, très-large, était en *cordes-ficelles*, comme les nôtres. Cette sangle se place comme un surfaix ; elle est fixée aux bandes de la selle par des lanières, ce qui permet de supprimer les faux-quartiers, ce qui n'astreint pas le cavalier à s'assurer si quelque bout de contre-sanglon ne blessera pas le cheval. *C'est la meilleure sangle de cavaliers militaires que nous ayons vue.*

Chaque cavalier était muni d'une petite poche en cuir, semblable à un porte-monnaie ; cette poche, mobile, était garnie d'un crochet assez long ; un rempli découpé en languettes garnit le pourtour intérieur ; la poche se ferme avec une petite lanière. Cette poche sert à mettre les capsules ; à l'aide du crochet, on l'accroche à une courroie à portée de la main, quand on tiraille à cheval, ou on l'accroche au ceinturon quand on est à pied. La pluie ne peut pénétrer, les capsules ne peuvent tomber. Les Russes n'ont pas de porte-giberne ; la giberne mobile est tenue par le ceinturon du sabre ; elle est très-longue ; chaque cartouche est fichée debout dans un étui en fer-blanc. Nous avons compté jusqu'à quarante étuis dans une giberne. Pendant le combat, le soldat russe fait glisser la giberne en avant de lui ; il la laisse derrière lors des marches.

Les uhlans ne se servent pas de couverte, mais chaque selle est munie d'un morceau d'étoffe, façon limousine, roulée contre la palette, dans les marches ; il sert à couvrir la croupe pendant les mauvais temps, les nuits au bivouac.

Tous les peuples cavaliers que nous avons vus pendant la guerre d'Orient couvrent tous et avec beaucoup de soin la croupe de leurs chevaux. Les Orientaux emploient à cet usage, en toute saison, des couvertes de toute couleur, généralement elles sont à longs poils, frisés, gaufrés ou ondulés : *tous nos chevaux*, au bivouac, tournaient toujours la croupe à l'orage, au vent, au soleil, à la neige, etc., etc., etc.

Cette manière de couvrir la croupe a donc sa raison d'être et est le fait de l'expérience. Pendant le dur hiver de 1854, les chevaux des armées alliées qui ont succombé dans les nombreux bivouacs ont tous démontré que la croupe était atteinte la première. Nous avons vu des chevaux, à la position du *cheval gastronome*, affaissés sur leurs croupes déjà privées de sensibilité, *à moitié morts*, mais debout sur les membres antérieurs ; nous avons vu, disons-nous, ces pauvres chevaux vivre ainsi *deux et même trois jours* ; d'autres, couchés sur le flanc, les membres tendus, raides, ne pouvant pas même relever un peu la tête, se servaient de leur langue pour saisir l'orge que nous placions sous leur nez : ces malheureux animaux *dévoraient* dans cet état et finissaient par succomber ; la langue gelait. *Tous les chevaux ont été plus ou moins atteints* ; les faibles, les plus jeunes, les plus délicats, les plus vieux, les moins nourris, soignés et

5.

abrités, ont succombé les premiers. Les bivouacs n'étaient pas tous bien exposés ; les exigences de la guerre obligeaient souvent de les établir trop *au vent* , trop loin des abreuvoirs, trop loin de la mer où il fallait aller chercher les fourrages. Les abris consistaient en trous faits dans la terre, en murs de boue gelée, des couvertes, etc., etc.

Le cheval au grand air devient gros mangeur, et quand la ration n'est pas suffisante, ce qui arrive *fréquemment* en campagne, la mer ne permettant pas tous les jours de débarquer, de décharger les navires ; quand la ration se trouve encore diminuée par les pertes qu'entraîne le transport, qui se fait sur les chevaux ; par le vent, qui *souvent emporte le fourrage* placé devant le nez du cheval, alors on voit ces malheureux animaux *se manger entre eux*, d'abord les crinières, les queues ; puis enfin les couvertes à cheval, les schabraques qui servaient à les couvrir. Les Russes nous ont souvent dit, à Eupatoria, en 1856, qu'ils attribuaient la misère de nos chevaux, la gale qui les avait envahis pendant l'hiver de 1855, malgré les pansages, bien plus à la trop petite quantité de foin dont se composait la ration, qui était de six kilogrammes dans ce moment-là, qu'aux fatigues de la guerre. Les uhlans, les Cosaques n'ont pas eu de chevaux galeux.

Pendant l'hiver de 1854, d'après les observations que nous avons pu faire en parcourant les bivouacs devant Sébastopol, les chevaux de la cavalerie anglaise ont succombé avant les nôtres ; ceux de l'artillerie française ont mieux résisté que ceux de la cavalerie. Les chevaux d'Afrique ont fait très-peu de pertes ; les chevaux syriens hongres ont presque tous succombé ; les mulets et les mules ont seuls résisté.

Nous avons été assez heureux pour ramener les deux chevaux que nous avions emmenés de France ; plus d'une fois, pour les *réchauffer*, nous les faisions *piaffer à l'entrave d'attache*, au piquet.

Nous pensons que tant que nous mutilerons nos chevaux par la castration, notre cavalerie sera incomplète ; mais ici se rattache une foule de questions étrangères à ce livre. Revenons au *Bauchérisme* de M. Rul.

DRESSAGE DU CHEVAL.

PROGRESSION DU DRESSAGE.

TRAVAIL PRÉPARATOIRE A LA CRAVACHE.

Le Cavalier à pied.

« En équitation, de la légèreté, encore de la légèreté,
« et toujours de la légèreté. »
(*Examen du Cours d'Équitation de M. D'Aure.*)

M. Rul, page 74, recommande : « Le visage calme, *l'œil magnétique*, la dou-
« ceur et l'énergie. »

Nous n'oserions assurer qu'il soit besoin d'avoir l'œil magnétique ; toujours
est-il que le cavalier, pendant ce travail, arrive à captiver l'attention de son
élève, à un tel point que le degré d'instruction qu'il fera acquérir au cheval
dépend de son esprit plus ou moins prompt, subtil et juste, à comprendre la
physionomie, l'expression du cheval ; de son adresse, de son agilité, de sa déli-
catesse à faire usage des aides employées (le mors et la cravache), en un mot,
du tact qu'il possédera.

Un habile écuyer peut, en *quelques séances*, mettre un cheval de sang au
piaffer ; et cependant il n'aura fait que *toucher très-délicatement* le cheval. Ce
travail de la cravache, qui remplace avantageusement *les piliers* et les *supprime
à jamais*, est une découverte de M. Baucher ; ce travail peut, à la rigueur, être
supprimé, surtout pour les cavaliers peu expérimentés.

Nous ne donnerons qu'un résumé très-succinct de la progression du dressage
par M. Rul. C'est dans le *Bauchérisme* même qu'il faut l'étudier. Notre aperçu
la ferait paraître *moins complète* qu'elle n'est réellement.

ASSOUPLISSEMENTS.

Le cheval en place, non monté.

M. Rul fait assouplir la mâchoire du cheval, à l'écurie, à sa place, tête à queue, à l'aide de ce qu'il nomme des *bauchérisations :* 1° directes ; 2° latérales.

Ceci est praticable pour le cavalier déjà exercé qui peut faire seul. Pour la cavalerie, ce mode d'opérer est presque impossible, il faudrait mettre un instructeur par homme.

Ce travail d'assouplissement perfectionné, M. Rul fait commencer le travail à cheval.

ASSOUPLISSEMENTS.

Le cheval étant en marche, non monté.

Nous agissons *plus progressivement ;* avant de faire monter le cheval, nous faisons répéter les assouplissements qui ont précédé (flexions de mâchoire et d'encolure), le cavalier à pied, le cheval marchant sur la piste.

Ce *nouveau* travail se compose, en outre, des affaissements et extension de l'encolure; il comprend même les assouplissements des hanches et des reins. Le cheval est exercé aux pirouettes renversées et au reculer. Lorsque le reculer présente des résistances, c'est que le cheval n'est pas *d'aplomb ;* il est *campé* ou *acculé ;* on rétablit l'harmonie en frappant de la cravache le sommet de la croupe ; aussitôt la *mobilité d'un pied de derrière* obtenue, le reculer a lieu facilement.

Laguérinière, dans ce cas, faisait donner de la houssine sur les genoux. Ce mode est encore en usage dans la cavalerie française; l'ordonnance indique :

« Si le cheval fait des difficultés pour reculer, l'instructeur saisissant les deux
« rênes de la même main, de l'autre le touche doucement avec une gaule sur les
« jambes de devant, etc., etc. »

C'est le meilleur moyen pour acculer le cheval.

M. Baucher a découvert les moyens d'assouplir le cheval non monté, celui de faire *l'éducation de sa bouche.* Ce nouveau système ne rencontre plus d'opposition, il abrège l'éducation et simplifie beaucoup le dressage.

TRAVAIL A CHEVAL.

ASSOUPLISSEMENTS.

Le cheval étant de pied ferme.

D'après M. Rul, page 75, les assouplissements de la mâchoire et de l'encolure, pour ramener le cheval monté de pied ferme, sont poussés avec graduation *jusqu'à l'éperon ;* les jambes précèdent la main.

Le cheval reçoit ainsi l'éperon *avant de faire le premier pas.* Les rênes de filet servent aux flexions directes et latérales ; elles sont même employées *en opposition* avec les rênes de la bride.

L'éperon n'est qu'une plus grande puissance ajoutée à la jambe.

Les soumissions du cheval, les décontractions sont récompensées par le relâchement instantané des jambes et de la main. Ces repos doivent être de durée égale aux contractions du cheval.

Selon nous, ce travail n'est pas suffisamment progressif. L'instructeur ne doit pas exiger d'un cavalier qu'il *impose* le ramener ; celui-ci ne doit que le *rechercher.* L'écuyer peut agir comme l'indique M. Rul, mais la masse des cavaliers fera fausse route.

Voici en quoi diffère *notre* progression. D'abord, les rênes de filet ne servent qu'aux mouvements latéraux, et encore nous pensons qu'on pourrait *supprimer le filet pour la cavalerie.*

Lorsque le cavalier fait supporter au cheval la plus grande pression de jambes, nous faisons *donner des jambes.* C'est un mouvement saccadé de la jambe, un soubresaut, une *attaque du mollet,* préparatoire à l'attaque faite à l'aide de l'éperon. Le cavalier doit apprendre au cheval à supporter les attaques *isolées* avant de les faire *collectives;* pour cela, il fait *l'attaque d'un mollet,* celui opposé à une flexion latérale de l'encolure ; puis, de même pour l'autre jambe, plus tard il fait *les attaques collectives,* celles *des deux mollets* pendant les flexions directes. Ce travail bien confirmé, on pourra les commencer avec les éperons, *mais pas avant.* Ces attaques d'abord isolées, puis simultanées, ont pour but d'assouplir la mâchoire et l'encolure du cheval.

Le nombre et le volume des muscles élévateurs de la mâchoire indiquent que leur force est considérable.

La puissance musculaire de l'encolure est énorme, et cependant, sitôt la mâchoire assouplie, elle retrouve toute sa mobilité, toute sa souplesse.

Ce mode d'assouplir le cheval, *de l'obliger à ne pas se contracter pour résister,* est une des découvertes les plus intéressantes et les plus utiles de M. Baucher.

Les récompenses du cavalier, au cheval, suivent chaque obéissance de l'animal, chaque décontraction ; mais elles diffèrent de celles enseignées par M. Rul : « Le relâchement des jambes et de la main n'est point simultané, *la main précède* les jambes. »

M. Rul prescrit comme nous, quand le cavalier *reprend le cheval :* « Les jambes précèdent la main. »

Règle générale, *pendant le travail,* les jambes doivent toujours être *près* du cheval, plus ou moins puissantes, selon les cas, mais ne jamais tomber naturellement, être abandonnées ; ce qui les éloigne des flancs ; à moins que ce ne soit pendant le repos absolu.

Nous venons de prescrire l'usage des éperons. On a dit avec raison : « *Qu'il ne faut pas mettre un rasoir entre les mains d'un singe.* »

En effet, de toutes les impressions qui se communiquent de l'homme au cheval en dressage, celle qui se traduit de la manière la plus énergique et la moins équivoque est *la douleur,* dont les degrés et les caractères offrent mille nuances difficiles à apprécier (G. Colin).

Le cavalier doit faire usage de la douleur, sans amener le cheval *à réagir,* à lutter contre la cause de la souffrance, *contre les éperons ;* celui-ci ne doit pas chercher à se soustraire par des mouvements énergiques à un mauvais traitement, mais bien être *amené à comprendre pourquoi il est piqué,* c'est dire au cavalier combien il doit mettre de modération, de progression dans l'emploi des moyens douloureux qu'il possède. Il ne doit y avoir *aucune surprise* chez le cheval, et le premier toucher de l'éperon ne doit pas plus l'étonner que ne l'a fait une *pression plus forte des jambes,* succédant à une *moindre.*

C'est pour obliger le cavalier à cette progression que nous faisons donner *des jambes,* ainsi que nous l'avons expliqué plus haut.

L'éperon, ainsi appliqué, n'est alors qu'une plus grande puissance donnée à la jambe. *L'aide est grandie, rien de plus.*

Nous faisons appliquer les attaques, même par des *hommes de recrue,* en suivant la progression que nous indiquons.

Selon M. Rul, la récompense est subordonnée à la durée de la résistance du cheval, page 75, « repos égal à la durée de la bauchérisation » (Innervation).

Nous récompensons le cheval en raison de sa soumission.

       Cession de main,

       Remise de main,

       Descente de main,

Sont des effets de la main qui permettent plus ou moins de liberté, d'extension de l'encolure.

Lorsque le cheval est *contracté*, et que le cavalier serre les *aides inférieures* ou fait *sentir les éperons* pour obliger l'animal à se *décontracter*, la main varie selon ce qui se passe. Si le cheval a baissé un peu la tête, c'est une *cession de main ;* mâche-t-il son mors, ce qui le rend léger, c'est une *remise de main ;* son encolure se roue-t-elle, devient-il complétement léger, c'est la *descente de main.*

Pour amener le cheval à *désirer* cette liberté d'étendre plus ou moins son encolure, le cavalier s'empresse, les premières fois, aussitôt les premières décontractions obtenues, de rendre *complétement* (descente de main) sur le plus léger indice de soumission.

ASSOUPLISSEMENTS.

Le cheval marchant au pas et au repos.

Le travail qui précède est entrecoupé de *nombreux* repos. On se règle sur la nature variée des sujets pour les réitérer plus ou moins souvent ; mais au lieu de les faire, le cheval de *pied ferme*, comme l'indique M. Rul, nous prescrivons les *repos en marchant* sur la piste, *le cheval ayant la tête complétement libre, à sa guise.*

Les cavaliers se figurent généralement que le cheval doit être maintenu, *ramené* par *un effet de main fixe*, *il n'en est rien.* Le cheval doit en quelque sorte se ramener de lui-même, le cavalier ne doit que chercher la souplesse en luttant *très-progressivement contre les contractions* de l'animal.

Le cheval ayant été exercé, le cavalier à pied, aux flexions de croupe de pied ferme sur la piste, les répétera plus facilement étant monté ; si le cheval n'obéissait pas à l'action de la jambe, *qui doit faire fuir la croupe*, le cavalier se servirait de la rêne du même côté où s'appuie la jambe.

Ce travail *oblige* aussi le cavalier à placer ses jambes et à s'en servir ; lorsqu'il tient *les rênes tendues ;* comme M. Rul le prescrit plus loin pour les *pirouettes renversées*, il fait tourner la croupe avec *une rêne*, plutôt que de se servir de *la jambe.* Les jambes sont aux hanches du cheval ce que les rênes sont à ses épaules dans les mouvements latéraux. Cette mobilité donnée à la croupe, le cheval ayant l'encolure *libre*, oblige les extrémités postérieures à se placer sur leur *ligne d'aplomb* pendant la pirouette, ce qui facilite au cavalier *la recherche* du ramener. Ces pirouettes renversées servent à faire marcher les chevaux sur la piste, à main droite et à main gauche.

La position verticale de la tête et la souplesse de la mâchoire et de l'encolure, en un mot, le ramener ne sera pas, en agissant ainsi, un effet *de la main*,

6

mais bien le résultat du travail des jambes du cavalier qui *ramèneront les extrémités postérieures du cheval sur leur ligne d'aplomb*. Le cheval conservera *sa franchise*, le cavalier évitera *des défenses*.

M. Rul, page 76, recommande, pendant le travail en place, d'éviter de porter la main en arrière, de la rapprocher de la ceinture et de la faire primer sur l'action des jambes. Ces recommandations sont fort sages, mais *trop difficiles* pour la plupart des cavaliers; c'est pour ce motif que nous demandons tant de liberté aux rênes, quand elles sont *maniées* par des cavaliers peu expérimentés.

TRAVAIL.

Le cheval marchant au pas.

M. Rul, page 80, fait répéter les assouplissements de l'encolure, avec les mêmes effets de rênes que précédemment.

Les effets d'ensemble sont multipliés et sont rendus de plus en plus puissants.

Les premières pirouettes renversées se demandent sur la piste avec *la rêne et la jambe du même côté* (*effets latéraux*). On fait marcher un peu le cheval avant de commencer la pirouette. Ce travail confirmé, on commence les pirouettes ordinaires; elles se demandent à l'aide de la rêne du filet, l'autre rêne seconde, en cas, la jambe du dehors qui maîtrise la croupe (*effets diagonaux*).

Pendant le tourner, la jambe *du dehors* doit primer; l'encolure est fléchie sur la ligne courbe avec la rêne du filet.

Dans la marche circulaire, le cavalier tient les rênes de la bride, avec la main du dehors; la main du dedans assouplit, latéralement, l'encolure à l'aide du filet.

On passe du cercle à droite à celui à gauche, et *vice versâ*. Ces assouplissements conduisent aux *bauchérisations centripètes*.

Les attaques suivent les arrêts, confirment le ramener, rassemblent le cheval, l'immobilisent.

Cette instruction acquise au cheval, toutes les pirouettes se demandent par des forces opposées (effets diagonaux).

Le reculer achève et confirme le travail au pas; on ne fait reculer qu'après avoir provoqué un mouvement en avant.

Nous faisons peu usage du filet pour les assouplissements, les changements de direction et les marches circulaires, etc., etc. On peut l'utiliser, mais on peut très-bien s'en passer, *ce qui serait un progrès pour la cavalerie*.

Selon nous, *les jambes doivent se régler sur le mécanisme des aides supérieures* employé par le cavalier : le *tourner à droite* est-il demandé par *la rêne droite* (*rêne directe*), nous prescrivons la *jambe gauche;* ce même *tourner à droite* est-il demandé par *l'appui de la rêne gauche (rêne contraire)*, nous prescrivons la *jambe droite;* ce n'est que lorsque la vitesse de l'allure fait naître la *force centrifuge*, que nous prescrivons la *jambe du dehors (force centripète)*, quel que soit le jeu des rênes.

Lorsque le cheval supporte les attaques de pied ferme, on les continue progressivement jusqu'à ce qu'il se *touche le poitrail avec le menton*. Ces attaques modifient *l'instinct* du cheval, il se laisse *dominer* par le cavalier, qui le pénètre de sa puissance absolue, la lui met bien dans la tête à force de la lui répéter, *de la lui faire sentir*. Cette manière toute particulière de dominer le cheval, de modifier son caractère, est une des nombreuses découvertes de M. Baucher.

Lorsque ce travail se fait facilement, le cavalier pourra imposer le *ramener*, en marchant au pas, *mais pas avant*. Les attaques qui forcent le cheval à se ramener l'obligent surtout à conserver la *régularité de l'aplomb pendant la marche;* il n'est pas toléré, par le cavalier, d'autre point d'appui que celui *fixe* et *léger*, qui est particulier à la méthode de M. Baucher.

Nous faisons commencer le travail de deux pistes aussitôt que le cheval marche ramené; M. Rul n'indique ces mouvements que pour l'équitation supérieure.

M. Rul nous dit, page 85 : « Reculer. Ce *flux* et *reflux* de poids, facile chez « un cheval bauchérisé (équilibré), est impossible chez tout cheval acculé à l'al- « lemande. »

Dans l'École de M. D'Aure, il y a *flux* et *reflux du poids*, c'est-à-dire va-et-vient, *surcharge alternative de l'avant-main* ou *de l'arrière-main;* il n'en est pas de même dans l'École de M. Baucher.

On fait avancer ou reculer une voiture sans *flux* et *reflux* du poids, mais bien en raison de la direction de la force qui tire ou pousse. Le cheval *ramené* agit de même. Rien de plus.

TRAVAIL.

Le cheval marchant au trot.

D'après M. Rul, page 86, le cavalier confirme *la légèreté* sur des lignes droites, diagonales et circulaires à l'aide de *bauchérisations*.

M. Rul ne prescrit pas d'assouplissements latéraux de l'encolure au trot.

Les premiers temps de trot sont courts, au fur et à mesure de la perfection, on allonge l'allure.

6.

Ce travail perfectionné est suffisant pour le cheval d'attelage, il ne reste plus qu'à l'habituer aux bruits extérieurs et au fouet.

Le cheval marchant à un trot modéré, nous prescrivons les mêmes assouplissements qu'au pas.

Pendant une demi-flexion d'encolure, demandée par une rêne de bride, le cavalier fait toucher délicatement l'éperon du côté opposé. Le cheval doit être amené, *par cette attaque, à se toucher la pointe de l'épaule avec le menton,* sans ralentir l'allure.

On peut alors, *mais pas avant,* faire sentir les *deux éperons en même temps,* pour obliger le cheval à *se ramener en marchant,* d'abord à un trot modéré, et progressivement grandi de vitesse. Lorsque le ramener est satisfaisant, nous commençons le travail de deux pistes.

Nous prescrivons au cavalier de remarquer que, pendant les attaques de pied ferme, la croupe du cheval se *grandit* lorsqu'il *ramène la tête,* tandis qu'elle se *baisse* quand il *commence à se rassembler.* Dans le premier cas, les jambes postérieures du cheval étaient *attirées* par l'éperon *sur leur ligne d'aplomb;* dans le second cas, celui du *rassembler,* ces mêmes jambes postérieures commencent à *s'engager en dedans de ces mêmes lignes.*

Pendant les attaques pour *ramener,* le cavalier *s'oppose* au *mouvement d'élévation* de la tête du cheval, pour *éviter l'acculement;* pendant le *rassembler,* il le laisse *complétement libre* de se placer selon sa conformation, ses moyens : *le cheval sait faire le beau.*

M. Rul nous dit que le trot régulier ne peut avoir lieu sans un *équilibre parfait;* nous, nous disons : sans *un aplomb régulier.* Au chapitre *Prolégomènes,* nous avons expliqué ce qui différencie *l'aplomb régulier* de *celui irrégulier.*

L'équilibre quel qu'il soit est *parfait, autrement il n'existerait pas;* mais il peut varier de solidité, de stabilité.

La rapidité des pas du cheval dépend de l'instabilité de son équilibre.

L'instabilité de l'équilibre est regardée comme la mesure de la vitesse; elle est moindre dans le pas que dans le trot, moindre dans celui-ci que dans le galop. Cela tient aux bases de sustentation diverses qu'emploie le cheval.

Au pas, il y a toujours deux pieds à l'appui, soit diagonaux, soit latéraux.

Au trot, le cheval est alternativement en l'air et soutenu par un bipède diagonal.

Au galop, il est successivement sur un seul pied, sur deux; puis sur un et en l'air.

Plus la masse est en danger de tomber, plus il faut que les membres se portent du côté de la chute avec une rapidité graduellement croissante pour la soutenir.

Dans tous ces équilibres successifs et si variés dans leur stabilité, *quel sera l'équilibre parfait* ?

Une pyramide debout sur sa base ou sur son sommet sera, dans les deux cas, *en équilibre parfait,* si, étant dans l'aplomb, *aucune force étrangère* ne vient la faire mouvoir. Cependant ces deux équilibres ne se ressemblent guère.

. En équitation surtout, il faut être clair ; pourquoi ne pas se servir des mêmes expressions que les *physiciens,* qui distinguent trois sortes d'équilibre : *indifférent, — stable, — instable.*

L'*équilibre indifférent* se trouve dans la bille de billard. Le centre de gravité, central à la figure, ne peut s'élever ni s'abaisser.

L'*équilibre* est d'autant plus *stable* que la base de sustentation est plus grande et le centre de gravité bas et central. L'œuf est en équilibre stable, quoique facilement mobile, lorsqu'il est couché. Le centre de gravité ne peut s'abaisser davantage.

L'*équilibre instable* est l'inverse du précédent ; l'œuf mis en équilibre sur sa pointe a son centre de gravité le plus haut possible et s'appuie sur la plus petite base.

Pour les corps en suspension, l'équilibre est stable lorsque le centre de gravité est au-dessous du point de suspension ; instable quand il est au-dessus. Le marteau d'une porte-cochère, suivant qu'il est élevé ou abaissé, peut servir d'exemple.

M. Rul se sert de beaucoup de mots qui ne simplifient pas, selon nous, les explications scientifiques, déjà bien assez difficiles à comprendre et surtout à enseigner.

Dans tous nos ouvrages, nous croyons avoir *dégagé la question* de ce qu'elle a de *trop technique,* et au milieu des controverses dont elle a été l'objet dans le monde savant et hippique ; nous croyons encore nous être restreint à *l'explication impartiale et concise de son principe.* Nous n'avons pas craint de passer *des effets aux effets des effets,* comme M. Rul nous annonce l'avoir fait M. Baucher.

Page 99 : « Il aurait craint (M. Baucher), en passant *des effets aux effets des* « *effets,* de perdre de vue la cause première, et d'affaiblir dans l'esprit de l'élève « l'intensité des rayons lumineux en les distrayant du foyer commun. »

Revenons au *Bauchérisme.*

Lorsque le cheval est assoupli et ramené, qu'il est droit des épaules et des hanches, ce qui régularise l'aplomb, ses allures sont faciles, légères, étendues, gracieuses, etc. N'est-ce pas plus simple que :

« C'est cette régularité, cette harmonie que produisent les bauchérisations « graduées (développement progressif de l'intensité et de la simultanéité de la « force musculaire agissant sur le jeu des quatre supports). »

Équilibre naturel ou acquis, n'exprime que le degré de rassembler que le cheval prend instinctivement, de lui-même, ou parce qu'il y est astreint par son cavalier.

Déséquilibre veut dire prendre plus de stabilité.

Tous ces mots nouveaux : *Bauchérisations élémentaires,* — *bauchérisations graduées,* — *bauchérisations centripètes (maximum d'intensité de l'effort),* — *bauchérisations centripètes graduées,* — *maximum de la bauchérisation centripète ;* — toutes ces expressions ne désignent que l'*emploi* des aides, *des éperons ;* assouplissant, ramenant, dominant et rassemblant le cheval. Est-ce plus simple?

TRAVAIL.

Le cheval marchant au galop.

M. Rul, page 88, rassemble le cheval à l'aide des *bauchérisations centripètes* et exige la *position exacte* dès le premier départ. « Sans cette position exacte, « dit-il, tout départ au galop est prématuré, antiméthodique, et ne prouve que « l'ignorance du cavalier. »

Le départ à droite se demande avec la jambe droite. Après quelques foulées, on passe au pas, en continuant les attaques jusqu'à ce que le cavalier retrouve la légèreté.

On multiplie les départs, le cheval marchant au pas, sur les lignes droites, diagonales et circulaires. La récompense se fait après le passage du galop au pas, lorsque les attaques ont rendu le cheval léger.

Le changement de pied ne doit pas être essayé sur l'ombre d'une résistance.

Les arrêts, le cheval marchant au galop, se font avec une grande puissance des aides inférieures et sont suivies des attaques en place jusqu'à parfaite légèreté.

Le cheval est exercé à sauter.

La cravache remplace la jambe droite pour le cheval de dame dont l'instruction est confirmée.

Cette instruction suffit également au cheval de troupe ; on l'habitue aux bruits de guerre, au travail d'ensemble, au carrousel, etc., etc.

Nous avons quelques modifications à signaler dans notre manière de faire.

Nous demandons les *premiers départs*, l'encolure étant demi-fléchie, à droite pour le départ à droite, et *vice versâ*. Nous obtenons ainsi la position *quand même, tout en assouplissant l'encolure*. Quand le cheval se laissera rassembler facilement, nous donnerons la position exacte, avec la jambe droite pour le départ à droite, *pas avant*.

La flexion, ou plutôt demi-flexion à droite, pendant le départ à droite, oblige l'emploi de la jambe gauche, pour contenir les hanches.

Nous ne voyons rien là *d'antiméthodique*.

L'écuyer peut assouplir un cheval et le rassembler, en un mot *le dresser*, sans employer d'autre allure que *le pas ;* il suffit de bien perfectionner l'éducation. La méthode Baucher rend facile ce travail, que les anciens écuyers considèrent comme *un tour de force*. Il résulte de la progression de M. Rul, *de son livre*, que le cheval doit prendre la position exacte, c'est-à-dire doit se laisser rassembler après avoir été exercé *au pas et au trot;* c'est déjà moins complet que dans l'exemple précédent, et cependant c'est *trop savant* pour la pluralité des cavaliers.

Au galop, nous demandons, comme au pas et au trot, le changement diagonal de deux pistes.

Ces différences assez sensibles entre *la progression de M. Rul et la nôtre* sont d'une explication facile.

M. Rul enseigne généralement des hommes du monde, instruits, intelligents. De là une *progression rapide* et beaucoup d'exigence de la part du professeur.

Nous avons souvent pour élèves de braves cavaliers, sans doute, mais dont l'instruction, les états divers, nous obligent à chercher le succès ailleurs que dans les *théories orales*. De là plus de lenteur dans le passage du *facile au difficile*, par conséquent moins d'exigence de la part de l'instructeur.

Dans nos débuts, nous professions comme le prescrit M. Rul, mais l'insuccès de nos *soldats-cavaliers* nous a forcé à être plus progressif et moins exigeant.

Nous croyons tellement être dans le vrai, que nous cherchons encore des moyens intermédiaire aussitôt que les difficultés nous paraissent au-dessus des forces de nos cavaliers.

Ceci nous prouve toute l'extension que permet de prendre la méthode Baucher ; elle se simplifie comme l'on veut, *se met à la portée de tous les moyens, de toutes les intelligences;* le plus habile va plus loin que ses concurrents, mais tous *vont plus avant* qu'ils n'iraient en employant tout ce que les vieilles Écoles contiennent.

ÉQUITATION SUPÉRIEURE.

Les *bauchérisations centripètes graduées*, page 92, confirment le rassembler.
Le travail de deux pistes se fait aux trois allures.

Les allures artificielles sont demandées au cheval. **M.** Rul n'entre dans aucuns détails du mécanisme ; pour arriver à ce résultat, il nous dit, page 115 :
« C'est dans les œuvres de M. Baucher qu'il faut étudier les moyens qui con-
« duisent à obtenir ces divers mouvements. Ils constituent la poésie de l'équi-
« tation. »

M. Rul définit ainsi le *rassembler de la Haute École* :

PAGE 92. « Le *maximum* de la bauchérisation centripète (*summum* de l'inten-
« sité de la force) produit le *minimum* d'oscillation du centre de gravité, ce qui
« permet au cheval de n'avancer qu'*insensiblement* à chaque renouvellement de
« l'action. »

Le rassembler étant complet, les mouvements du cheval peuvent, *à la volonté du cavalier*, être *progressifs* ou *ascensionnels*.

Le lecteur qui voudra connaître le mécanisme de l'équitation supérieure le trouvera au chapitre *Haute École*, contenu dans notre *Examen du Cours d'Équitation de M. D'Aure*.

Nous ferons remarquer que, pendant le dressage d'un cheval, ainsi que nous l'avons indiqué dans l'ouvrage que nous venons de citer, les éperons doivent se faire sentir à *deux* places distinctes.

Les attaques près et en arrière des sangles assouplissent le cheval, le ramènent, le dominent.

Les attaques plus en arrière rassemblent le cheval, modifient son équilibre, le renferment, quand la main s'empare de l'impulsion.

C'est moins par *la force des attaques* que par l'application des éperons, *plus ou moins en arrière des sangles*, suivant la sensibilité du cheval, que le cavalier atteint *le rassembler, la perfection*.

Le rassembler de la nouvelle École est peut-être la plus belle découverte de M. Baucher. On a beau dire, ce rassembler est nouveau. Le cheval n'est pas assis : toutes les Écoles assoient plus ou moins l'animal.

RÉSUMÉ TRÈS-SUCCINCT DU BAUCHÉRISME.

M. Rul, page 94, fait un résumé par demandes et réponses, dont voici la substance.

Un cheval *dressé* est parfaitement *équilibré*.

L'équilibre s'obtient par les assouplissements et la concentration des forces et du poids, entre les jambes et la main du cavalier.

Le signe auquel on reconnaît le cheval équilibré est la *légèreté*.

———

Tout cela est bien exact ; nous ajouterons quelques conseils pour les élèves, pour les cavaliers-militaires, que nous empruntons, en grande partie, à notre *Examen du Cours d'Équitation, de M. D'Aure.*

« L'étude du caractère de nos animaux n'est pas sans importance pour ceux
« qui s'occupent de l'éducation de ces derniers. On peut, jusqu'à un certain point,
« le modifier, *le changer même complétement*, si l'on emploie *avec art* les moyens
« qui agissent le plus efficacement sur les brutes, c'est-à-dire les caresses, les
« récompenses, les corrections, etc...; mais il faut façonner les animaux dès l'âge
« le plus tendre; car il arrive un moment où ils prennent un pli qu'il est bien
« difficile de leur faire perdre. » (*Nous remplaçons les corrections par les éperons.*)

(*Traité de Physiologie comparée des animaux domestiques,*
par J. COLIN, 1854, page 154).

———

RENSEIGNEMENTS RELATIFS AU DRESSAGE DU CHEVAL.

Pendant tout le temps que dure le dressage, *l'idée fixe*, constante du cavalier, est de maintenir le cheval *en main*.

Le cheval mis en main mâche le mors, roue son encolure avec grâce, ramène sa tête; il cède volontiers à tous les effets de la main, il ne s'appuie pas sur la main; le point d'appui *fixe* et *léger*, qui résulte de cette manière d'être du cheval, sert à établir un sentiment réciproque entre l'homme et l'animal, entre le cheval et l'homme. Dans sa marche, le cheval mis en main conserve cette légèreté à la main. *L'art d'obliger le cheval à se mettre en main* est une des plus belles découvertes de M. Baucher.

Sans légèreté, pas de souplesse ; sans souplesse, pas de grâce, pas de *rassembler* possible.

Sans rassembler, pas de *domination* : la masse ne peut être *mobilisée* à volonté.

Sans mobilité, la *position* qui doit engendrer le mouvement ne peut être imposée selon la volonté du cavalier.

La *position* est l'attitude que doit prendre *forcément* le corps, pour que le mouvement résolu puisse s'exécuter. Le soldat ne pourra pas partir du pied gauche, au commandement : Marche, s'il n'a pas pris préalablement la position qui engendre ce mouvement, *position*, qui consiste, dans ce cas, à porter le poids du corps sur le pied droit. Ce n'est que lorsque le cheval est *placé*, a pris la *position*, que le cavalier doit donner l'*action*.

L'action est une recrudescence des aides, qui stimule le cheval à s'enlever ; elle est plus ou moins puissante, suivant la difficulté du mouvement, l'effort à faire, la sensibilité du cheval.

L'action fait naître le mouvement, en raison, *non de sa puissance, mais bien de la position* prise par le cheval, quelle que soit la volonté (de l'homme ou du cheval) qui l'a déterminée.

La *volonté du cheval* ne se manifeste pas toujours au cavalier par des mouvements brusques, rapides, exécutés de prime abord, de *plein saut* ; il y a presque constamment un *avant-coureur*, visible, palpable de l'intention de l'animal.

La volonté se manifeste par le jeu varié et expressif des yeux, des oreilles, des lèvres, des naseaux, enfin de la physionomie; par l'appui progressif sur les rênes, que le cheval prend à l'aide de *sa main* et de *son bras* ; à l'aide de sa bouche et de son encolure. Ses diverses attitudes, les directions particulières qu'il donne à ses appuis, ses inclinaisons sur les côtés, le port de sa tête, celui de sa queue ; tous ces indices doivent appeler l'attention du cavalier chargé du dressage ; ils expriment les diverses impressions qu'éprouve l'animal.

Le cheval n'a *jamais la bouche dure*, quoique le cours de Saumur l'enseigne ; l'anatomie nous prouve que la bouche est sensible, seulement le cheval peut *faire des efforts avec sa bouche et son encolure*, qui se font sentir à la main, *les rendent lourds à la main*.

C'est encore M. Baucher qui a apporté *la clarté dans cette question de bouche dure*. Que de temps n'a-t-il pas fallu pour détruire cette erreur !

Que l'élève se persuade bien que lorsque l'encolure du cheval est *raide*, contractée, *le cheval fait ce qu'il veut*.

Au contraire, lorsque l'encolure est liante, *souple, par la crainte des éperons, le cheval fait ce que le cavalier veut*.

Le cavalier doit donc *constamment surveiller l'encolure* du cheval.

Nous dirons aux *cavaliers militaires*.

La main du cavalier sera la *vedette vigilante* de tout le système ; aussitôt qu'elle *sent* le cheval s'appuyer sur elle, *elle se fixe*.

A cet *appel* de la main, les jambes doivent de suite augmenter la pression, *(effet d'ensemble)*. Cette pression, de même que le *petit poste* qui prend les armes au qui-vive de la vedette, devra rendre le cheval léger, devra faire fuir *les résistances*, que nous appellerons *les ennemis*.

Si la pression employée avec toute la force des jambes ne suffisait pas pour obtenir la légèreté du cheval, la retraite des résistances, *des ennemis*, c'est le moment de faire appel à une force supérieure, *aux éperons*. Les éperons sont la *grande garde* du mécanisme équestre.

La raideur du cheval disparue ; *les ennemis sont battus*, alors la *grande garde*, (les éperons) se remet au repos ; le *petit poste* (les jambes) pose les armes ; et de même qu'un homme du petit poste est toujours chargé d'avoir l'œil sur la vedette, de même les *jambes près* seront prêtes à accourir à un nouvel appel de la main ; celle-ci, la main (la vedette) restera de nouveau attentive et vigilante.

En d'autres termes, le cheval ayant cédé, le cavalier cesse les attaques ; la pression des jambes diminue, parce que la main a retrouvé la mise en main.

Il se livre donc une *bataille* entre l'homme et le cheval ; celui-ci ne ménage pas les *escarmouches*.

Pendant le travail en place, pour assouplir le cheval ; on va avec le plus de progression possible, parce que les résistances de l'animal, *les ennemis étant moindres, sont plus facilement battus par le cavalier*.

Quand l'ennemi a été *battu en détail*, quand on ne trouve plus de résistance de la part du cheval, *plus d'ennemis*, c'est le moment de se porter en avant, *d'aller chercher l'ennemi*.. En effet, aussitôt le cheval mis au pas, *les escarmouches re-*

commencent; il faut éviter *d'engager l'action* contre *des forces trop supérieures, pour ne pas s'exposer à être battu.* Les *ennemis vaincus,* le cheval marchant au pas ; il en sera de même au trot, galop, etc., etc.; enfin quand le cavaliér ne rencontre *plus de résistance,* quelle que soit *la manœuvre* qu'il fera exécuter au cheval, *la bataille sera finie et gagnée.* Le cheval sera dressé, il sera surtout discipliné, parce que son caractère sera modifié.

Comme il ne faut pas que ces *escarmouches* successives épuisent *l'adversaire, le cheval,* on fait avec lui de fréquentes *trèves,* de nombreux repos. Toutefois on n'accorde *d'armistice* qu'autant qu'on a eu *le dessus,* dans *une des affaires.*

Ce langage *militaire* et explicatif des diverses phases du dressage du cheval sera compris, nous n'en doutons pas, par ceux de nos lecteurs qui possèdent quelques notions de l'art de la guerre.

Nous dirons à tous les cavaliers :

Ce n'est que lorsque le dressage est *complet,* que le cheval fait abnégation de sa volonté, *se soumet ;* aussi, pendant toute la durée de son éducation, il existe une *lutte* constante entre *l'instituteur* et *son élève,* dont nous venons de donner un aperçu en langage pittoresque, plutôt que scientifique.

Le cheval ne se laisse jamais dominer de suite ; il défend plus ou moins longtemps *sa liberté;* pour cela, il fait toutes sortes de tentatives, pour s'assurer jusqu'à quel point il peut user de sa volonté; ces tentatives se manifestent par des efforts toujours dispersifs; ses forces agissent d'une manière excentrique, elles se dispersent vers la circonférence; en un mot *le cheval tâte son cavalier.*

Le cavalier s'empresse d'opposer à toutes ces tentatives un effet de forces concentriques, qui se propagent de la circonférence au centre. Il doit sentir par le *tact,* dans quelle direction se fait l'effort du cheval, pour y opposer une action équivalente ou supérieure, suivant le cas. M. Rul, page 79, estime qu'il y a des chevaux qui exigent 4,000 *bauchérisations,* avant d'être amenés à supporter les attaques qui rassemblent et immobilisent l'animal.

Le cheval ne manque pas de malice, ses combinaisons sont nombreuses et variées ; il emploie même la ruse ; tous les moyens sont tentés par lui, pour conserver son indépendance ; surtout quand il a à faire à un cavalier peu généreux, qui le tient constamment dans un étau, croyant que l'intelligence peut être remplacée par la force. A un semblable cavalier, on peut dire : *Tu n'as point d'aile, et tu veux voler ? Rampe.*

Les ruses du cheval, les plus fréquentes, sont celles-ci :

Il fait croire au cavalier qu'il cède au mors, pendant une flexion de mâchoire ou d'encolure : *en remuant les lèvres, en baillant ;* ou en *grinçant des dents,* ce qu'on appelle *bégayement;* parfois il fait *claquer les dents ;* ce qu'on exprime ainsi: *casser la noisette.* Ces différentes manières de faire du cheval ne sont que des *feintes.*

La tête étant ramenée, et le cheval n'ayant pas cédé de la machoire, pour pouvoir allonger son encolure et se mettre un peu à l'aise, sans que le cavalier s'en aperçoive, le cheval ne fait plus d'efforts sur le mors ; mais il recule bien doucement le corps, en faisant le moins de mouvements possibles, de cette manière l'encolure s'est allongée, puisque la tête est restée sur le même point.

Le cheval sait bien vite si le cavalier qui le monte a de l'assiette, de la solidité ; aussi, chaque fois que celui-ci voudra obtenir quelque chose de lui, s'empressera-t-il de faire un petit mouvement brusque pour le déplacer. Ce mouvement n'est pas le premier venu ; il est calculé pour agir le plus efficacement possible sur le manque de solidité du cavalier ; il variera même suivant les divers cavaliers qui se succéderont pendant le dressage.

Nous avons connu et dressé un cheval qui faisait le boiteux, pour éviter la leçon ; nous soupçonnâmes une ruse, passâmes outre ; en effet, le cheval se voyant découvert ne boita plus. Nos soupçons furent provoqués un jour où le cheval se trompa ; il fit le boiteux d'un autre membre qu'il ne l'avait fait la veille.

Toutes ces tentatives si variées du cheval, toutes ses résistances, toutes ses ruses, tous ses efforts, *souvent peu appréciables*, doivent être annulés, arrêtés par l'action intelligente, rapide, forte ou faible des aides, quelles que soient leur direction, leur force, leur variété.

Cette *conversation* incessante entre le cheval et l'homme offre beaucoup d'intérêt au cavalier et *fait aimer le cheval* à celui qui réussit à se faire comprendre.

L'art de converser avec le cheval est une des plus ingénieuses et attrayantes découvertes de M. Baucher.

Ce *langage muet* explique la cause qui fait que généralement les écuyers aiment à travailler *seuls*, en silence, *loin des profanes;* c'est que la plupart des cavaliers ne sauraient comprendre l'écuyer, en supposant celui-ci sachant exprimer *ce qu'il sent, ce qui se passe*, ce qui est plus difficile et plus rare qu'on le pense ; cette qualité constitue la science de l'*écuyer professeur* de l'écuyer en chef.

Il serait à désirer que le *professorat*, dans nos écoles équestres ne fût accordé qu'à des hommes réunissant ces qualités exceptionnelles. *La science y gagnerait.*

Les chevaux de race commune, lors des débuts de leur éducation, sont très-peu impressionnables et moins intelligents que ceux d'une race plus distinguée ; il est rare pourtant de rencontrer un cheval tout à fait *bête.* Les attaques réveillent la sensibilité, excitent l'intelligence, rendent aptes *à sentir, à converser* ces mêmes chevaux, peu privilégiés de la nature, qui seraient restés obscurs et dans l'oubli, souvent dans la misère.

C'est là, certes, une curieuse, intéressante et intelligente découverte !! Elle nous vient encore de M. Baucher.

Le dressage du cheval ne commence sérieusement qu'au moment où le cavalier l'a amené à supporter les éperons qui modifieront son caractère ; toutes les actions de celui-ci doivent donc avoir pour but ce résultat ; il y arrivera principalement par le *travail en place*.

Les cavaliers préfèrent en général faire marcher, courir leurs chevaux ; s'ils s'astreignaient au travail en place pendant la moitié des leçons du premier mois, ils verràient que la science équestre est moins difficile qu'on le suppose généralement et que le succès est assuré à celui qui suit cette marche.

Dans le dressage du cheval, tous les mouvements ont pour point de départ l'intelligence ; tout est subordonné à cette disposition innée.

Il en résulte que tous les cavaliers sont aptes à dresser leurs chevaux, *en subordonnant*, bien entendu, *le dressage à leurs propres moyens.*

Ce qui précède fera comprendre au lecteur ces mots de M. Rul.

« PAGE 79. En suivant l'ordre méthodique des bauchérisations graduées, tout
« devient facile, clair. La lumière se fait. C'est le diamant étincelant qui se dé-
« gage de son enveloppe. C'est Pygmalion qui se dévoile sous le ciseau du sculp-
« teur. C'est beaucoup plus, c'est le plus noble de tous les animaux, fougueux,
« impétueux, irascible, passionné, qui se soumet avec plaisir, avec grâce, avec
« orgueil, à la domination intelligente de son cavalier, améliorateur de l'être créé.
« C'est Partisan monté par Baucher. C'est la source des jouissances les plus
« suaves, les plus absorbantes, les plus pures. Si le bonheur, ici-bas, se mesure
« à la somme des jouissances de l'intelligence, Baucher est l'homme le plus
« heureux qui ait jamais existé.

CONCLUSION.

Ce chapitre est une revue, où M. Rul exprime son opinion sur les écuyers et les auteurs français et étrangers, qui ont émis la leur sur la méthode de M. Baucher. Voici ce qui nous concerne :

Page 102 : « Enfin je trouve un auteur, élève de M. Baucher, qui a le courage « de son opinion. »

« M. le capitaine Raabe, dont la loyauté est digne d'éloges, a le tort peut-« être d'avoir altéré et amoindri quelques-uns des principes de cette méthode « qu'il défend si chaleureusement. »

Nous remercions M. Rul des bons sentiments qu'il nous témoigne, nous sommes flatté des éloges qu'il nous adresse. Nous assurons à M. Rul la réciprocité complète de notre estime ; *quant aux altérations et amoindrissements qu'il nous reproche*, les hommes instruits nous jugeront pour les explications scientifiques et les praticiens pour l'ordre progressif des mouvements.

M. Rul termine cette revue en témoignant le désir de voir la méthode appuyée officiellement, et énumère les services utiles que M. Baucher rendrait au pays, à l'armée, s'il était placé à la tête d'une école gouvernementale.

OBSERVATION.

Sous le titre *Observation,* M. Rul nous apprend, page 113, qu'il est en possession d'un travail complet sur le dressage des chevaux de remonte qui lui vient de M. Baucher.

M. Rul, quoique autorisé par M. Baucher, ne veut pas publier, jeter par la fenêtre, un semblable trésor.

Le livre appelé *Bauchérisme ne serait donc pas complet,* selon M. Rul, en ce qui concerne la cavalerie. M. Rul a-t-il raison de nous le signaler?

M. Rul nous fait connaître l'origine de quelques-uns des chevaux de M. Baucher, dont la célébrité est européenne. Des planches rendent plus sensibles les métamorphoses extraordinaires que produit l'École du maître.

———

Enfin un chapitre sur l'hygiène hydropathique, et des notes militaires sur l'organisation de l'armée terminent le travail de M. Rul. Nous avons annoncé, dans notre introduction que notre examen se bornerait à ce qui concerne plus particulièrement l'équitation.

NOTE DE L'AUTEUR.

M. Rul est un homme d'expérience ; il possède un talent d'écuyer, qui le classe aux premiers rangs ; il a été à même d'examiner, page 25 : « Les cava- « leries belge, hollandaise, anglaise, prussienne, hanovrienne, brunswikoise, « saxonne, autrichienne, hongroise, bavaroise, wurtembergeoise, piémontaise, « toscane, romaine, napolitaine, russe. M. Rul a visité également les manéges « civils de ces divers pays. »

Certes, M. Rul a pu établir des comparaisons et asseoir son jugement avec connaissance de cause.

M. Rul choisit, *préfère* la méthode de M. Baucher, *l'approuve* et *l'enseigne.*

Il y a vingt-six ans que nous sommes dans la cavalerie, nous avons suivi les Cours de l'École impériale d'équitation ; la guerre d'Orient nous a fourni l'occasion de voir beaucoup de cavaleries diverses ; elle nous a donné la possibilité d'expérimenter d'une manière complète le cheval mis au rassembler.

Comme M. Rul, nous *préférons, approuvons* et *continuerons d'enseigner* la nouvelle École, que nous pratiquons depuis douze ans.

Nous ne sommes animé d'aucun autre désir que d'être utile, par notre expérience, à la cavalerie ; puissent ces raisons appeler sérieusement l'attention des hommes intelligents, *des amis du progrès,* sur les utiles découvertes de notre estimable professeur et ami, M. Baucher, l'homme de génie, *le vrai prince de la science équestre au XIXe siècle.* Nous pensons qu'aucune méthode n'est préférable à l'École Baucher ; et c'est pour cela que, dans l'intérêt de notre pays, nous faisons tous nos efforts pour rendre désormais le problème scientifique de cette École intelligible pour tout le monde.

FIN.

Ouvrages du même Auteur :

EXAMEN DU COURS D'ÉQUITATION DE M. D'AURE, Écuyer en chef de l'École de cavalerie (Saumur 1852); par C. Raabe, Capitaine au 6e dragons. 1 vol. gr. in-8°. 1854. 10 fr.

EXAMEN DU TRAITÉ DE LOCOMOTION DU CHEVAL relatif à l'équitation de M. J. Daudel, Lieutenant au 4e chasseurs d'Afrique. Saumur, 1854; par Raabe, Capitaine au 6e dragons. Brochure in-8°. 1856. 5 fr.

RÉSUMÉ DE LA NOUVELLE ÉCOLE D'ÉQUITATION; par M. Raabe, Capitaine au 6e régiment de lanciers. 4e édition. Brochure in-folio. Paris, 1848. 3 fr.

LOCOMOTION DU CHEVAL. — Examen des traités de l'extérieur du cheval et des principaux animaux domestiques, de M. F. Lecoq, Directeur de l'École vétérinaire de Lyon (1856), et de Physiologie comparée des animaux domestiques, de M. G. Colin, Chef du service anatomique et de physiologie à l'École impériale vétérinaire d'Alfort, Membre de la Société centrale de médecine vétérinaire et de la Société anatomique (1854); par C. Raabe, Chevalier de la Légion d'honneur, Capitaine commandant au 6e dragons. In-4°. 1857.

ŒUVRES COMPLÈTES DE F. BAUCHER. Méthode d'équitation basée sur de nouveaux principes; dixième édition, suivie des Passe-Temps équestre, —Dialogue de l'équitation, —Dictionnaire raisonné d'équitation, —Réponse à la critique. — 1 vol. in-8°. 1854. 20 fr.

LE BAUCHÉRISME réduit à sa plus simple expression, ou l'art de dresser les chevaux d'attelage, de dame, de promenade, de chasse, de course, d'escadron, de cirque, de tournoi, de carrousel; programme des Cours d'équitation civile et militaire, professés à Bruxelles, Malines, Coblentz, Prague, Vienne, Breslau, Naples, etc.; suivi de notes militaires (organisation, instruction de l'armée, académie militaire), avec planches représentant le travail de *Buridan, Capitaine, Partisan*; par M. Rul. 1 vol. gr. in-8°. (1856.) 4 fr.

MANUEL D'HIPPIATRIQUE, D'ÉQUITATION ET D'HYGIÈNE *à l'usage de tous*, ou Études de la connaissance intérieure et extérieure du cheval, de son instruction et de son emploi, de sa conservation en l'état de santé, de sa reproduction, de son élevage et de son emplacement. Ouvrage *particulièrement utile*, aux officiers de troupes à cheval, aux chefs, agents ou employés des grandes administrations et exploitations publiques ou privées, qui emploient ou produisent des chevaux; par Mussor, Lieutenant-Colonel de cavalerie en retraite, ancien Capitaine instructeur à l'École de Saumur. 2 vol. in-8° avec 16 planches. 1856. 15 fr.

LEÇONS DE SCIENCE HIPPIQUE GÉNÉRALE ou Traité complet de l'art de connaître, de gouverner et d'élever le cheval; par le baron de Curnieu. Première partie, avec 107 gravures. 1 vol. gr. in-8°. 1855. 12 fr.

— Deuxième partie, avec 67 gravures. 1 vol. gr. in-8°. 1857. 12 fr.

— Troisième partie, *sous presse.*

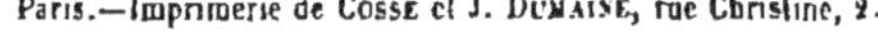

Paris.—Imprimerie de Cosse et J. Dumaine, rue Christine, 2.

www.ingramcontent.com/pod-product-compliance
Lightning Source LLC
LaVergne TN
LVHW020551060726
842525LV00004B/1398